物联网项目实战

基于Android Things系统

Android Things Projects

[美] 弗朗西斯科·阿佐拉（Francesco Azzola）著
杨加康 译

人民邮电出版社
北京

图书在版编目（CIP）数据

物联网项目实战 : 基于Android Things系统 / (美)
弗朗西斯科•阿佐拉 (Francesco Azzola) 著 ; 杨加康
译. -- 北京 : 人民邮电出版社, 2020.5
ISBN 978-7-115-53278-7

Ⅰ. ①物… Ⅱ. ①弗… ②杨… Ⅲ. ①移动终端－应
用程序－程序设计②互联网络－应用③智能技术－应用
Ⅳ. ①TN929.53②TP393.4③TP18

中国版本图书馆CIP数据核字(2020)第001610号

版权声明

♦ 著　　　[美]弗朗西斯科•阿佐拉（Francesco Azzola）
　译　　　杨加康
　责任编辑　谢晓芳
　责任印制　王　郁　焦志炜

♦ 人民邮电出版社出版发行　北京市丰台区成寿寺路 11 号
　邮编　100164　电子邮件　315@ptpress.com.cn
　网址　http://www.ptpress.com.cn
　北京天宇星印刷厂印刷

♦ 开本：800×1000　1/16
　印张：12.25　　　2020 年 5 月第 1 版
　字数：238 千字　　2025 年 1 月北京第 6 次印刷

著作权合同登记号　图字：01-2019-5172 号

定价：59.00 元

读者服务热线：(010)81055410　印装质量热线：(010)81055316

反盗版热线：(010)81055315

广告经营许可证：京东市监广登字 20170147 号

内 容 提 要

本书介绍如何使用 Android Things 完成实际的物联网项目，主要内容包括 Android Things 系统本身及其工作原理，如何使用 Android Things SDK 开发报警系统，如何构建环境监测系统，如何集成 Android Things 与物联网云平台，如何创建智能系统，如何构建远程气象站，如何开发间谍眼，如何集成 Android 和 Android Things。通过本书，开发者可以使用 Android 开发工具开发嵌入式设备，完成智能硬件的开发。

本书适合 Android 开发人员、Android 爱好者、物联网开发人员及希望了解 Android Things 的专业人士阅读。

作 者 简 介

Francesco Azzola，电子工程师，在计算机编程和 JEE 架构方面有超过 15 年的经验。他是 Sun 认证的企业架构师（Sun Certified Enterprise Architect，SCEA）、Sun 认证的 Web 组件开发人员（Sun Certified Web Component Developer，SCWCD）和 Sun 认证的 Java 程序员（Sun Certified Java Programmer，SCJP），也是 Android 系统和物联网技术的爱好者，喜欢用 Arduino、Raspberry Pi、Android 和其他平台完成物联网项目。

他对物联网和移动应用颇有兴趣。此前，他也在移动开发领域工作了几年。他创建了一个名为 Surviving with Android 的博客，在那里他分享了 Android 和物联网项目开发方面的许多文章。

技术审校人简介

Ali Utku Selen，索尼移动系统工程师，土耳其伊兹密尔市度库兹埃路尔大学（Dokuz Eylul）大学计算机工程系硕士，多年来致力于旗舰 Android 设备的开发。他从 11 岁开始编程，从那以后便对软件开发产生了浓厚的兴趣。

Raimon Ràfols Montane，自 2004 年以来一直致力于移动设备的开发。他在开发 UI、构建系统和实现客户端-服务器通信方面有丰富的实战经验。他目前在巴塞罗那的 AXA Group Solutions 公司担任工程经理，过去曾在伦敦附近的 Imagination Technologies 公司和阿姆斯特丹的 Service2Media 公司工作过。在业余时间，他喜欢编程和摄影，并在多个移动开发会议上就 Android 性能优化和 Android 自定义视图发表演讲。

译 者 序

和大部分读者一样，我之前对物联网技术并没有清晰的认识，同时由于外界的炒作，我一直对物联网技术敬而远之，因此我一直不敢去接触和学习它。

当我在第一家公司做一个嵌入式项目的时候，我第一次对物联网技术产生了兴趣。当时我主要负责 Android 应用部分的开发，涉及的内容很简单，因此我并没有觉得我参与的项目有什么特色。然而，当我第一次看到公司其他同事用我创建的应用程序的一个外壳来控制台灯、电动车、跑步机等设备的时候，我深刻地感受到了物联网技术的魅力。因为之前一直做软件开发，所以我根本想不到这些控制机制是如何实现的，产生浓厚兴趣的同时，我也对物联网技术更加畏惧……

让我再次折服并且希望花时间投入物联网技术的时机是我在大学实验室做的一个关于 Android Things 的项目。了解这个项目后不久，我对软件部分十分有信心，毕竟我已经非常擅长 Android 开发，可关于如何调试硬件、如何软硬件结合，我依然一头雾水。当时，对于 Android Things，除了熟悉 Android 这一个名词之外，我对它的其他方面基本上一无所知，我试着找了国内相关资料，发现介绍 Android Things 的资料也寥寥无几。在不知道它是否有实用价值并且是否值得学习的情况下，当时我在 Packt 网站上购买了本书的英文版。我并不确定这是不是一本专业性非常强的图书。相比之下，谷歌的 Android Things 开发者文档当然更加有参考价值，但我能确定的是本书确实能够让你快速对物联网这项非常有前景的技术产生极大的兴趣并且入门，尤其是对于 Android 开发者来说。

本书的内容非常简单，它旨在帮助读者自己动手实现其中的小功能或者案例，其中不乏一些现实中已经广泛推广的功能，如 RBG 灯控制、房屋警报装置，也正是这些触手可及的功能可以激发读者学习物联网技术的兴趣。当然，作为新兴技术，Android Things 产品的迭代速度极快，其中的一些案例可能还停留在过去的实现方法上，读者可以根据最新的开发文档进行相应的修改。同时，由于书中很多外网的资源不能使用或者在国内有或多或少的限制，读者也需要自行解决网络不通的问题。

最后，希望读者不要畏惧物联网和 Android Things。一本好的入门书足以让你信心倍增。

感谢实验室和我一起做实验的王阳、孙虎同学，感谢帮我校对本书的刘江同学，没有他们，我不会顺利地翻译好这本书。感谢董瑞志博士，没有他，我可能也不会接触 Android Things 这项技术，是他帮我打开了一扇通往新世界的大门。最后，感谢给了我不少帮助的谢晓芳编辑，也很感谢人民邮电出版社对我的信任！

杨加康

前　　言

Android Things是由谷歌开发的旨在使用Android技术开发专业物联网项目的全新操作系统。在阅读本书的整个过程中，读者将逐步深入了解 Android Things 的所有核心内容，并初步感受到由物联网（Internet of Things，IoT）带来的下一次技术革命。你将学会如何搭建涵盖 Android Things 所有技术层面的实际物联网项目。

本书内容

第 1 章介绍物联网的概念及其相关组件，并解释为什么它对日常生活产生如此巨大的影响。该章还将介绍 Android Things 的相关概念，并解释如何用 Android Things 来实现我们的第一个物联网项目。

第 2 章演示如何在 Android Things 中使用双状态传感器（或二进制设备），介绍如何创建一个检测物体运动并向用户的智能手机发送通知的报警系统。

第 3 章介绍如何将传感器连接到 Android Things 以及如何使用 I^2C 总线读取数据并使用 RGB LED 将数据可视化。

第 4 章介绍如何在物联网云架构中使用 Android Things，讲述如何将数据实时地从传感器传输到物联网云平台。

第 5 章演示如何使用简单的集成模式和 HTTP 将 Android Things 与 Arduino 集成。

第 6 章介绍如何在**机器到机器**（Machine to Machine，M2M）架构中使用 Android Things。在该章中，我们会搭建一个监控温度、湿度、压强和亮度的远程气象站，同时使用 MQTT 作为发送数据的协议。

第 7 章介绍如何使用**脉冲宽度调制**（Pulse Width Modulation，PWM）开发控制伺服电动机的 Android Things 应用程序，以及如何在 Android Things 中使用摄像机。

第 8 章介绍如何开发与 Android Things 交互的配套 Android 应用。

阅读本书的前提条件

要开发本书中的示例项目，读者需要提前安装 Windows 操作系统或 Mac OS X。此外，为了完整地执行开发、编译和安装 Android Things 应用程序的流程，也需要按照书中的步骤安装 Android Studio 等相关开发环境。

本书读者对象

本书主要面向希望深入了解 Android Things 系统的 Android 系统爱好者、物联网工程师、Android 开发人员。本书重点介绍如何使用 Android Things 实现物联网项目，讨论 Android Things 的常用 API 在物联网项目中的使用，以及传感器、电阻、电容和物联网云平台等概念。

本书约定

本书采用许多样式来区分不同类型的信息。下面是这些样式的一些示例。

代码块的样式如下。

```
adb shell am startservice
-n com.google.wifisetup/.WifiSetupService
-a WifiSetupService.Connect
-e ssid <Your_WIFI_SSID>
-e passphrase <WIFI_password>
```

命令行的输入或输出如下。

```
sudo dd bs=1m if=path_of_your_image.img of=/dev/rdiskn
```

表示警告或重要说明。

表示提示和技巧。

读者反馈

欢迎来自各位读者的反馈。读者的反馈对我们相当重要，这些反馈可以帮助我们出版真正对读者有帮助的图书。如果要向我们发送一般反馈，请发送电子邮件至feedback@packtpub.com，并在电子邮件标题中标明书名。如果您有扎实的专业背景，并且有兴趣撰写图书，可参阅 packtpub 网站上的作者指南。

勘误

虽然我们已经尽力确保内容的准确性，但有时确实会存在疏漏。如果您在我们的书中发现了错误（可能是文字或代码中的错误），并且向我们报告，我们将不胜感激。这样做可以使其他读者少走弯路，并帮助我们进一步完善本书的后续版本。如果您发现任何勘误，请访问 packtpub 网站，选择您购买的图书，单击 Errata Submission Form 链接，并录入详细信息。一旦您的勘误得到验证，将接受您的提交，把勘误表上传到我们的网站或添加到本书现有的勘误表中。要查看先前提交的勘误表，可以访问 packtpub 网站，在搜索框中输入书名，所需信息将显示在 Errata 部分下。

打击盗版行为

互联网上正版图书的盗版一直是媒体所关注的问题，Packt 非常重视版权的保护。如果您在互联网上发现了盗版的 Packt 图书，请立即向我们提供地址或网站名称，我们将尽快采取相应措施。您可以通过 copyright@packtpub.com 与我们联系，必要时可提供盗版图书的链接。这里，感谢广大读者帮助我们保护作者的版权。

问题

如果您对本书的任何方面有疑问，可以通过 questions@packtpub.com 与我们取得联系。

资源与支持

本书由异步社区出品，社区（https://www.epubit.com）为您提供相关资源和后续服务。

配套资源

本书配套资源包括书中示例的源代码。

要获得以上配套资源，请在异步社区本书页面中单击 配套资源 ，跳转到下载界面，按提示进行操作即可。注意，为保证购书读者的权益，该操作会给出相关提示，要求输入提取码进行验证。

如果您是教师，希望获得教学配套资源，请在社区本书页面中直接联系本书的责任编辑。

提交勘误

作者和编辑尽最大努力来确保书中内容的准确性，但难免会存在疏漏。欢迎您将发现的问题反馈给我们，帮助我们提升图书的质量。

当您发现错误时，请登录异步社区，按书名搜索，进入本书页面，单击“提交勘误”按钮，输入勘误信息，单击“提交”按钮即可（见下图）。本书的作者和编辑会对您提交的勘误进行审核，确认并接受后，您将获赠异步社区的 100 积分。积分可用于在异步社区兑换优惠券、样书或奖品。

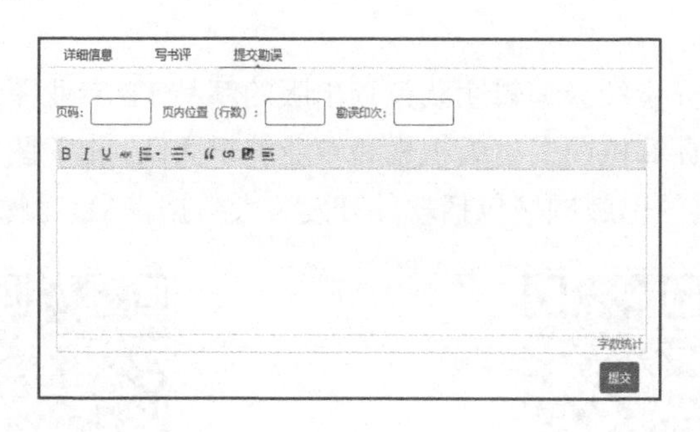

扫码关注本书

扫描下方二维码，您将会在异步社区微信服务号中看到本书信息及相关的服务提示。

与我们联系

我们的联系邮箱是 contact@epubit.com.cn。

如果您对本书有任何疑问或建议，请您发邮件给我们，并请在邮件标题中注明本书书名，以便我们更高效地做出反馈。

如果您有兴趣出版图书、录制教学视频，或者参与图书翻译、技术审校等工作，可以发邮件给我们；有意出版图书的作者也可以到异步社区在线提交投稿（直接访问 www.epubit.com/selfpublish/submission 即可）。

如果您所在学校、培训机构或企业想批量购买本书或异步社区出版的其他图书，也可以发邮件给我们。

如果您在网上发现有针对异步社区出品图书的各种形式的盗版行为，包括对图书全部或部分内容的非授权传播，请您将怀疑有侵权行为的链接通过邮件发给我们。您的这一举动是对作者权益的保护，也是我们持续为您提供有价值的内容的动力之源。

关于异步社区和异步图书

“异步社区”是人民邮电出版社旗下 IT 专业图书社区，致力于出版精品 IT 技术图书和相关学习产品，为作译者提供优质出版服务。异步社区创办于 2015 年 8 月，提供大量精品 IT 技术图书和电子书，以及高品质技术文章和视频课程。更多详情请访问异步社区官网 https://www.epubit.com。

“异步图书”是由异步社区编辑团队策划出版的精品 IT 专业图书的品牌，依托于人民邮电出版社近 30 年的计算机图书出版积累和专业编辑团队，相关图书在封面上印有异步图书的 LOGO。异步图书的出版领域包括软件开发、大数据、AI、测试、前端、网络技术等。

异步社区

微信服务号

目　录

第 1 章
Android Things 入门

不久之前，谷歌公司发布了一款名为 Android Things 的物联网（Internet of Things，IoT）操作系统。作为谷歌公司的第一代 IoT 操作系统，它受到了来自全世界开发者们的关注。本书旨在介绍如何使用此操作系统、兼容的开发板及多种外围设备（如传感器、LED、伺服设备等）开发一个个实际的 IoT 项目。

本章将首先介绍 Android Things 是什么，包括它本身的特点及它与 Android 系统的主要区别。我们将会发现，开发一个 Android Things 项目原来可以基于我们已经掌握的 Android 知识。在此之后，我们会学习如何在不同的开发板（如 Raspberry Pi 3 和 Intel Edison）上安装 Android Things 系统。在配置开发环境过程中，我们也将会在一定程度上熟悉所使用的开发板。一旦对开发板有了一定了解，我们便可以开始创建第一个 Android Things 项目了。首先，我们将学习如何使用一些像 LED 和按钮（或开关）这样简单的外围设备。其次，我们将会了解如何将一个完整的 Android 的项目重构成一个 Android Things 项目。最后，我们将会学习如何在实际的 IoT 项目中使用 Android Things 提供的各种核心 API。

本章内容如下：

- IoT 概述及 Android Things 架构；
- 在 Raspberry Pi 3 上安装 Android Things；
- 在 Intel Edison 上安装 Android Things；
- 创建 Android Things 项目。

1.1 IoT 概述

IoT 是目前极有发展前景的技术方向之一。据专家称，IoT 可能是未来十年里极具突破性的技术之一。它将对我们的生活产生巨大影响，并可能改变我们的生活方式和习惯。IoT在未来将是一种更普及的技术，其影响将横跨多个领域或行业：

- 工业；
- 卫生保健；
- 交通运输业；
- 制造业；
- 农业；
- 零售业；
- 智慧城市。

所有这些领域都将受益于IoT。在深入了解IoT项目之前，我们有必要了解IoT的含义。在不同层面下或者根据不同的应用领域，关于IoT的定义也不尽相同。然而，无论如何，应该强调的一点是，IoT不仅仅是和智能手机、平板电脑或个人计算机（Personal Computer，PC）相互连接的网络。我们可以将IoT称作一个生态系统，在这个系统中，物体之间互相连接，同时，它们均连接到互联网。IoT包括可能连接到互联网并交换数据和信息的每个对象。这些对象随时随地连接在一起，并且可以随时随地相互交换数据。

我们对物体连接的概念可能并不陌生，多年以来，它已经得到了持续的发展。随着CPU的功耗越来越低，我们可以想象未来互联网将能承载数以百万计的物体相互通信。

IoT第一次正式受到瞩目是在2005年。国际通信联盟（International Communication Union，ITU）首次提出了IoT的定义（参见ITU官网上的文章“Internet of Things summary”）。

信息和通信技术（Information and Communication Technologies，ICT）领域将迎来另一个新的成员：无论在任何时间，任何地方，我们都可以连接任何东西……这种连接将成倍增加并创建一个全新的动态网络——IoT。

也就是说，IoT是由一个个可以接收和发送数据并且远程控制的智能对象（或物体）组成的网络。

1.2 IoT组件

几个不可忽略的要素推动着IoT生态系统的发展，要了解IoT，就要弄清楚它们在其中扮演的角色，这对更好地理解我们将使用Android Things构建的项目也相当有用。

IoT 由一个个智能对象组成。它们是能够交换数据并且连接到互联网的设备，可以是用于测量压力、温度等环境变量的简单传感器，也可以是更复杂的一套完整系统。烤箱、咖啡机，甚至洗衣机都可以是智能对象连接到互联网的例子。所有这些智能对象都可以当作 IoT 中的成员。总之，IoT 对象不仅可以是智能化的家用电器，还可以是汽车、建筑物和执行器等。可以在连接时引用这些对象，使用某种唯一标识符与它们交流互动。

在底层，这些设备使用网络层中的相关技术来交换数据。在 IoT 底层，重要且常用的协议包括：

- Wi-Fi；
- Bluetooth；
- ZigBee；
- Cellular network；
- NB-IoTLoRA。

在应用层中，IoT 项目也广泛使用了几种通用协议。其中一些协议派生自特定的环境（如 Web），也有一部分特定于 IoT。常见的有以下几种：

- HTTP；
- MQTT；
- CoAP；
- AMQP；
- Rest；
- XMPP；
- Stomp。

现在，它们在你眼中可能只是一个空洞的英文名称，但在本书深入探讨如何在 Android Things 中使用这些协议后，你将豁然开朗。

原型开发板在 IoT 中扮演着至关重要的角色，有助于开发具有一定量级的连接对象。使用开发板，可以实现多种 IoT 项目。本书将一一探究如何使用与 Android Things 兼容的一些开发板构建并测试 IoT 项目。我们可能已经了解了市场上已经有的几种原型开发板，它们各具特色且功能各异。例如：

- Arduino（配置各异）；

- Raspberry Pi（配置各异）；
- Intel Edison；
- ESP8266；
- NXP。

在本书的项目中，我们将主要使用 Raspberry Pi 3 主板和 Intel Edison 主板，因为目前 Android Things 官方支持这两款主板。在本书中，我们也将会使用一些其他主板，以了解它们各自的集成方式。

1.3 Android Things 概述

Android Things 是谷歌公司为开发 IoT 项目而开发的一套全新的操作系统。Android Things 帮助我们使用较可信的平台并且能使用 Android 开发技能完成专业的 IoT 项目。没错，是 Android，你完全可以把 Android Things 看作 Android 系统的“修订”版本，可以使用已有的 Android 知识来实现一个个智能的 IoT 项目。该操作系统的巨大前景在于 Android 开发人员可以利用它平滑地进入 IoT 领域，并可以在几天之内开发、构建完成自己的 IoT 项目。在深入了解 Android Things 系统之前，先了解一下它的基本架构。Android Things 系统的层次结构如图 1-1 所示。

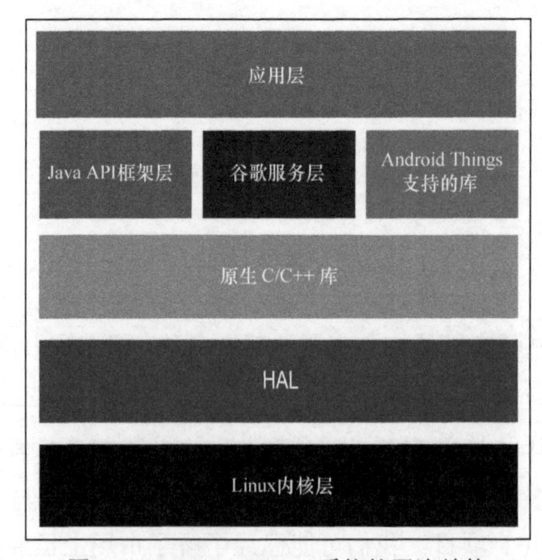

图 1-1 Android Things 系统的层次结构

Android Things 系统的层次结构与 Android 操作系统略有不同，可以发现 Android Things

系统整体上更紧凑，主要体现在 Android Things 的应用程序底层的层数更少，并且其应用层比普通的 Android 应用程序更接近驱动程序和外围设备。即使 Android Things 基于 Android，Android Things 中也有一些 Android 并不支持的 API。下面简单介绍它们的相似之处和不同之处。

可以发现，在 Android 中广泛使用的内容提供者（content provider）并不在 Android Things SDK 中。因此，在开发 Android Things 应用程序时应该格外注意这一点。要了解有关这些不支持的功能（如内容提供者）的更多信息，可以参阅 Android Things SDK 的官方网站。

此外，与一般的 Android 应用程序一样，Android Things 应用程序可以拥有用户界面（User Interface，UI）。然而，在 Android Things 中，应用程序也可以没有 UI，这完全取决于要开发何种类型的应用程序。用户完全可以像操作 Android 设备一样与 UI 交互，并在 Android Things 应用中响应相应的事件。我们之后也会知道，Android Things 中的 UI 开发方式与 Android 中的开发方式完全相同。这一点值得关注，因为我们可以重用一些 Android 知识来轻松快速地开发一套 IoT 应用程序的 UI。

值得关注的是，Android Things 完美地支持谷歌服务。几乎所有由谷歌公司实现的云服务都可以应用在 Android Things 中，但也有少数例外情况。Android Things 不支持严格应用在移动手机中的谷歌服务及需要用户输入或身份验证的服务。不要忘了 Android Things 应用程序的用户界面可有可无。要获得 Android Things 中提供的谷歌服务的详细列表，请参阅 Android Things 官网。

权限的管理在 Android 开发中有非常重要的作用。读者可以假想 Android 应用程序其实运行在一个黑盒中，它对外部系统中资源的访问权限有限。当应用程序需要访问黑盒外的特定资源时，它必须申请相应的权限。在开发 Android 应用程序时，可以在 Manifest.xml 文件中声明所需要的权限。Android Things 仍然使用这种方式，并且在安装时就可以授予应用程序申请的所有权限。Android 6（API 23）引入了一种申请权限的新方法，即应用程序不仅可以在安装时（使用 Manifest.xml 文件）申请权限，而且可以在运行时动态地申请权限，然而，Android Things 暂不支持这种方式，因此只能在 Manifest 文件中申请所有的权限。

最后要注意的是通知（notification）这个概念。Android Things 的系统 UI 并不支持通知状态栏，因此我们无法触发来自 Android Things 应用的通知。

简单来说，我们应该了解，与 UI 相关的所有服务或依托 UI 来完成任务的所有服务都不一定在 Android Things 中有效。

1.4 IoT 依赖库

IoT 依赖库是由谷歌公司为 Android Things 开发的全新类库，主要用来处理与外围设备和驱动程序的通信。Android SDK 不包含此库，该库也是 Android Things 重要的功能来源之一。该库公开了一组 Java 接口和类（API），可以使用这些 Java 接口和类来与传感器、执行器等外围设备连接并交换数据。该库封装了内部通信细节，支持多种行业内标准的通信协议，例如：

- GPIO；
- I^2C；
- PWM；
- SPI；
- UART。

本书将会讲述如何使用此库连接到各种类型的外围设备。

此外，该库公开了一组 API，用于创建和注册名为**用户驱动程序**（user driver）的新设备驱动程序。这些驱动程序是用于扩展 Android Things 框架的 Android Things 应用程序的用户自定义部分。也就是说，该库是自定义库，可使应用程序与本机不支持的其他设备类型进行通信。

本书将一步一步指导你使用 Android 完成实际的 Android Things 项目。你也将深入了解全新的 Android Things API，并且学习如何使用它们。下一节将介绍如何在 Raspberry Pi 3 和 Intel Edison 上安装 Android Things 系统。

1.5 Android Things 主板的兼容性

Android Things 是专为 IoT 而开发的新操作系统。在撰写本书时，Android Things 已经可以支持以下 4 种不同的主板：

- Raspberry Pi 3 Model B；
- Intel Edison；
- NXP Pico i.MX6UL；
- Intel Joule 570x。

不久的将来，Android Things 将支持更多的主板。谷歌公司已经宣布它将支持新的 NXP Argon i.MX6UL 主板。

本书将重点介绍 Raspberry Pi 3 和 Intel Edison 两类主板。当然，我们完全可以在其他开发板上开发和测试本书的所有项目。Android Things 的强大之处在于它抽象了底层硬件提供的接口，这是与外围设备和设备交互的常用方式。使 Java 闻名的一句话“一次编写和到处运行”（Write Once and Run Anywhere，WORA）也适用于 Android Things。这是 Android Things 的一大特色，我们可以不关注底层开发板来开发 Android Things 应用程序。然而，当在不同主板上开发 IoT 应用程序时，我们也应当考虑一些较小方面的偏差，以便应用程序可以移植到其他兼容的主板上。

1.6 在 Raspberry Pi 3 上安装 Android Things

在撰写本书时，Raspberry Pi 3 是最新的 Raspberry 开发板，也是 Raspberry Pi 2 Model B 的升级版本，与之前的版本相比，它新增了以下功能和特点。

- 具有 2.4 GHz 的 4 核 ARMv8 CPU；
- 支持无线局域网 802.11n；
- 支持 Bluetooth 4.0。

图 1-2 展示了 Raspberry Pi 3 Model B。

图 1-2 Raspberry Pi 3 Model B

本节将讲述如何使用 Windows PC 或 Mac OS 在 Raspberry Pi 3 上安装 Android Things。

在开始安装之前，需要准备好以下配件：

- Raspberry Pi 3 Model B；
- 至少 8 GB 的 SD 卡；
- 用于将 Raspberry 连接到 PC 的 USB 数据线；
- 用于连接 Raspberry Pi 3 和电视/显示器的 HDMI 线缆（可选）。

如果没有 HDMI 线缆，则可以使用屏幕镜像工具。这将有助于了解安装过程及何时开发 Android Things UI。在 Windows、OS X 或 Linux 等操作系传统中，安装步骤各不相同。

1.6.1 在 Windows 系统中安装 Android Things

本节将介绍如何使用 Windows PC 在 Raspberry Pi 3 上安装 Android Things。具体步骤如下。

（1）从 Android Developers 网站下载 Android Things OS 镜像。这里选择 Raspberry Pi 镜像。

（2）接受许可证并等待下载完成。

（3）下载完成后，解压缩 ZIP 文件。

（4）要在 SD 卡上安装镜像，可以使用 Win32 Disk Imager 这款工具。该工具完全免费，可以在 SourceForge 网站下载。在撰写本书时，该工具的版本为 0.9.5。

（5）下载后，以管理员身份运行、安装可执行文件。现在可以将镜像刻录到 SD 卡中。

（6）将 SD 卡插入 PC。

（7）选择在步骤（3）中解压缩的镜像，确保选择正确的磁盘名称（SD 卡），并单击 Write 按钮。

至此，已完成安装。镜像已经安装在 SD 卡上，现在可以尝试启动 Raspberry Pi 3。

1.6.2 在 OS X 系统中安装 Android Things

如果读者使用的操作系统是 Mac OS X，安装 Android Things 的步骤会与 1.6.1 节的操作略有不同。方法多种多样，这里介绍最快而且最简单的一种方法。

以下是具体的安装步骤。

（1）使用 FAT32 格式化 SD 卡。将 SD 卡插入 Mac 计算机并打开 Disk Utility，将弹出图 1-3 所示界面。

图 1-3 操作界面（一）

（2）从 Android Developers 网站下载 Android Things OS 镜像。

（3）解压缩下载的文件。

（4）将 SD 卡插入 Mac 计算机。

（5）将镜像烧录到 SD 卡中。打开终端窗口并执行以下命令。

```
sudo dd bs=1m if=path_of_your_image.img of=/dev/rdiskn
```

其中，path_of_your_image 是在步骤（2）中下载的扩展名为 img 的文件的路径。

（6）要查找 rdiskn，可选择 Preferences→System Report 选项，弹出图 1-4 所示界面。其中，BSD Name 是要查找的磁盘名称。

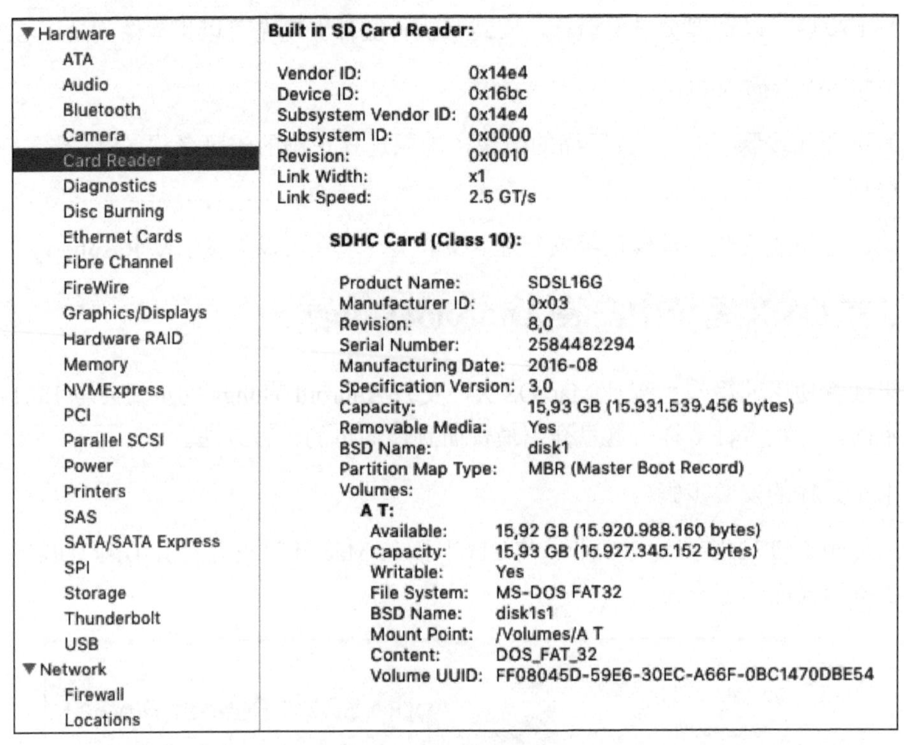

图 1-4　操作界面（二）

（7）在这种情况下，必须运行以下代码。

```
sudo dd bs=1m if=path_of_your_image.img of=/dev/disk1
```

（8）等待镜像复制到 SD 卡中，复制过程可能需要一段时间，请耐心等待。

1.6.3　测试安装

一旦将 Android Things 镜像复制到 SD 卡中，就可以将其从 PC 或 Mac 计算机中移除并插到开发板上。要测试 Android Things 是否安装成功，可以按以下步骤操作。

（1）使用 HDMI 将 Raspberry Pi 3 连接到屏幕。

（2）使用局域网将 Raspberry Pi 3 连接到网络。

（3）使用 USB 线将 Raspberry Pi 连接到 Mac 计算机/PC。

（4）等待 Android Things 完成启动，之后将弹出图 1-5 所示界面，这说明 Android Things 安装成功。

图 1-5　启动界面

现在开发板已准备好，之后可以开始开发第一个 Android Things 项目了。可以执行以下命令，以确认 Android Things 已经启动并正在运行：

```
adb devices
```

我们应该在结果列表中看到至少一个具有 IP 地址的 Android 设备，它就是目标设备。我们已经安装并测试了 Android Things 系统。目前，因为还没有在系统上安装应用程序，所以我们只会看到 Android Things 的默认界面。

1.7　在 Intel Edison 上安装 Android Things

Intel Edison 是由 Intel 公司开发的一款非常强大的原型开发板，可在一定程度上取代 Raspberry Pi 3 并应用在这里的项目中。该开发板的主要规格如下：

- 具有 Intel 双核 Atom，频率是 500MHz；
- 具有 1 GB DDR3 RAM 和 4 GB eMMC 闪存；
- 兼容 Arduino，使用 Arduino 分接套件（breakout kit）；

- 具有蓝牙模块和 Wi-Fi。

带 Arduino 分接套件的 Intel Edison 如图 1-6 所示。

图 1-6 带 Arduino 分接套件的 Intel Edison

在本书中，我们会使用 Intel Edison 和 Arduino 分接套件来开发项目。同样，我们也可以将此处涉及的所有概念和方法应用在与 Android Things 兼容的其他 Intel 开发板上。在准备将镜像烧录到 Intel Edison 开发板中之前，需要确保已经在系统上安装了 SDK Platform tools 25.0.3 及以上版本。

此外，检查系统上是否安装了 fastboot 应用程序。为此，请切换到<Android_SDK_HOME>/platform-tools。

如果还没有正确地安装 SDK，则可以从 Android Developer 官网下载、安装 SDK Manager，然后再继续执行烧录操作。

具体操作流程如下。

（1）访问谷歌 Android Things 官方页面并下载 Intel Edison 镜像。

（2）解压缩文件。

（3）访问 Intel Platform Flash Tool Lite 官网。根据操作系统（OS X 或 Windows）选择下载并安装 Platform Flash Tool Light。

（4）在步骤（1）下载的映像的解压缩目录中有一个名为 FlashEdison.json 的文件，这是之后需要使用的文件。在继续下面的操作之前请先检查它是否存在。

（5）运行 Platform Flash Tool Light（见图 1-7）。

图 1-7　运行 Platform Flash Tool Light

（6）如果使用了 Intel Edison 和 Arduino 分接套件，则请确保完成以下操作。

① 持续单击 FW 按钮直到出现主板信息。

② 将 USB 端口（J16）连接到 PC 或 Mac 计算机。

（7）当主板连接到 PC 或 Mac 计算机时，主板信息将会出现在 Platform Flash Tool Light 中。

（8）单击 **Browse** 按钮并选择步骤（4）中所述的 FlashEdison.json 文件，如图 1-8 所示。

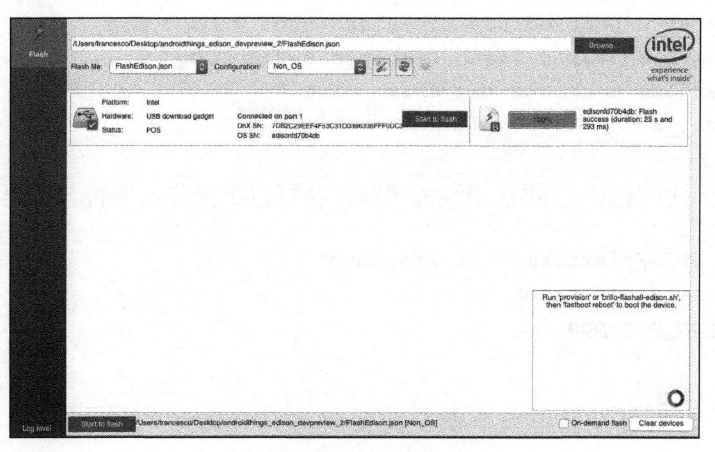

图 1-8　选择 FlashEdison.json 文件

（9）在 Platform Tool Flash Light 中检查配置列表框是否包含 Non_OS。

（10）单击 Start to flash 按钮并等待该过程结束，如图 1-9 所示。

图 1-9 等待结束

（11）打开终端控制台或命令行窗口并执行以下命令。

```
<Android_SDK>/platform-tools/adb reboot bootloader
```

（12）执行以下命令，以验证电路板是否已连接。执行以下命令后，应该得到类似 edisonXXXXX 格式的结果。

```
<Android_SDK>/platform-tools/fastboot devices
```

（13）切换至包含解压缩内容的目录。

（14）执行以下命令。等待该过程完成。

```
<Android_SDK>/platform-tools/fastboot
flash gpt partition-table.img
flash u-boot u-boot-edison.bin flash boot_a boot.img
flash boot_b boot.img flash system_b system.img
flash userdata userdata.img erase misc
set_active _a
```

（15）当以上过程完成并再次出现提示时，执行以下操作。等待该过程结束。

```
<Android_SDK>/platform-tools/fastboot
flash gapps_a gapps.img
flash gapps_b gapps.img
```

（16）执行以下命令。

```
<Android_SDK>/platform-tools/fastboot
flash oem_a oem.img
flash oem_b oem.img
```

（17）重启电路板。

```
<Android_SDK>/platform-tools/fastboot reboot
```

（18）可以使用以下命令列出连接到系统的 Android 设备，从而验证安装是否成功。

```
adb devices
```

在设备列表中，应该有一个名为 edison 的设备。

1.8 配置 Wi-Fi

在 Raspberry 3 或 Intel Edison 上安装 Android Things 系统后，可以使用 adb shell 配置 Wi-Fi 连接。打开终端控制台或命令行窗口并执行以下命令。

```
adb shell am startservice
-n com.google.wifisetup/.WifiSetupService
-a WifiSetupService.Connect
-e ssid <Your_WIFI_SSID>
-e passphrase <WIFI_password>
```

Your_WIFI_SSID 是需要连接的 Wi-Fi 的 ID，WIFI_password 是用来连接 Wi-Fi 的密码。

1.9 创建第一个 Android Things 项目

Android Things 源自 Android，Android Things 应用程序的开发过程和结构与普通的 Android 应用程序相同。因此，我们仍然可以使用 Android Studio 作为 Android Things 的开发工具。如果你以前使用过 Android Studio，则阅读本节将有助于你了解 Android Things 应用程序和 Android 应用程序的项目结构的主要区别。如果你还不熟悉 Android 开发并且未使用过 Android Studio，则本节将逐步指导你创建你的第一个 Android Things 应用程序。

Android Studio 是开发 Android Things 应用程序的官方开发环境，在开始构建项目之前，必须首先安装它。如果没有安装 Android Studio，则可以访问 Android Developers 官网下载并安装它。开发环境必须符合以下先决条件。

- SDK 工具包版本不低于 24。
- SDK 更新至 Android 7（API 24）。
- Android Studio 版本不低于 2.2。

如果开发环境不符合以上条件，则必须使用相应管理工具更新 Android Studio。

可以通过以下两种方式开始构建一个新项目。

- 从 GitHub 复制模板项目并将其导入 Android Studio 中。
- 在 Android Studio 中创建一个新的 Android 项目。

为了能更好地理解 Android 和 Android Things 在项目构建上的主要区别，第一次最好选用第二种构建方式。

1.9.1 复制项目模板

复制项目模板是构建项目最便捷的方式。通过以下几个步骤，就可以开始开发一个 Android Things 应用程序。

（1）打开 GitHub 网站中关于 Android Things 应用的新项目模板并复制该存储库。打开终端并执行以下命令。

```
git clone https://github.com/androidthings/new-project-template.git
```

（2）将复制的项目导入 Android Studio 中。

1.9.2 手动创建项目

相对于复制项目模板，手动创建项目较复杂，但仍然有必要了解这两种方式之间的差异。具体操作如下。

（1）创建一个新的 Android 项目，并将 Minimum SDK 设置为“API 24：Android 7.0 (Nougat)”（见图 1-10）。

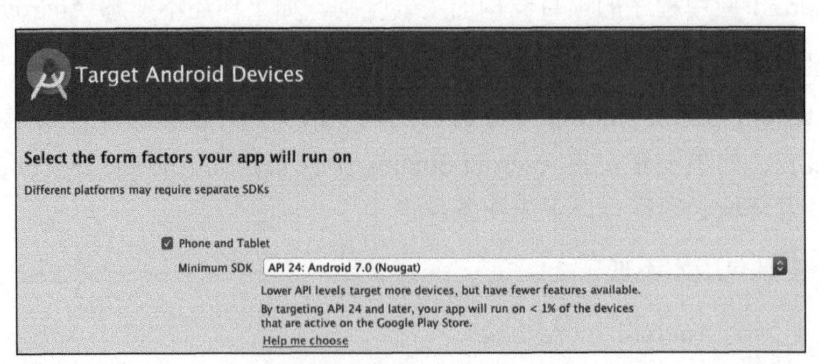

图 1-10 设置 Minimum SDK

（2）创建有一个空 Activity 的 Android 项目。确认并创建该项目。

（3）在将 Android 项目重构成 Android Things 项目结构之前，需要按以下几个步骤操作。

① 打开 build.gradle（在 app 文件夹下），并在 dependency 标签中添加以下内容。

```
dependencies {
  provided 'com.google.android.things:androidthings:
    0.2-devpreview'
}
```

② 打开 res 文件夹，删除其下的所有文件（strings.xml 除外）。

③ 打开 Manifest.xml，删除 application 标签中的 android:theme 属性。

④ 在 Manifest.xml 的 application 标签中添加以下内容。

```
<uses-library android:name="com.google.android.things"/>
```

⑤ 在 layout 文件夹中，打开自动创建的布局文件，删除其中对资源文件中值的引用。

⑥ 在默认创建的活动（MainActivity.java）中删除以下内容。

```
import android.support.v7.app.AppCompatActivity;
```

⑦ 将 AppCompatActivity 替换为 Activity。

⑧ 在 java 文件夹下，删除除包名称之外的所有文件夹。

现在已将 Android 项目转换为 Android Things 项目了。编译代码，发现没有错误。此后，可以简单地复制包含项目模板的存储库，并在此基础上开始编码。

1.10　Android Things 与 Android 的差异

Android Things 项目的结构与 Android 项目的结构非常相似，它们都有 Activity、布局和 Gradle 等文件。当然，它们也存在以下一些差异。

- Android Things 不支持使用多个布局响应不同的屏幕尺寸。因此，当开发 Android Things 应用程序时，只需要创建一套布局。
- Android Things 不支持主题和样式。

- Android 支持的库在 Android Things 中不可用。

1.11 创建你的第一个 Android Things 应用程序

本节将介绍如何控制连接到 Android Things 的外围设备（这里，只需要在之前所构建的项目中编写代码）。具体来说，使用应用程序中的 3 个按钮控制 RGB LED 的颜色。每个按钮控制一种颜色（3 种颜色分别是红色、绿色和蓝色），当按下其中一个按钮时，Android Things 会打开或者关闭相应颜色的 LED。要创建此项目，需要以下配件：

- 多条跳线；
- 多个电阻（阻值包括 200Ω和 10kΩ）；
- 3 个按钮。

图 1-11 展示了会在项目中使用的按钮。

图 1-11 项目中使用的按钮

图 1-12 是一个 RGB LED。

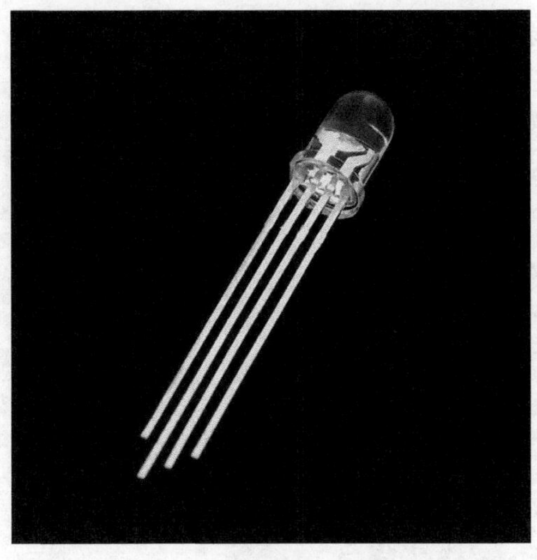

图 1-12 RGB LED

在将外围设备和电阻器连接到电路板之前，确保电路板与 PC 断开连接，以免损坏电路板。

图 1-13 描述了如何将这些组件连接到 Raspberry Pi 3。

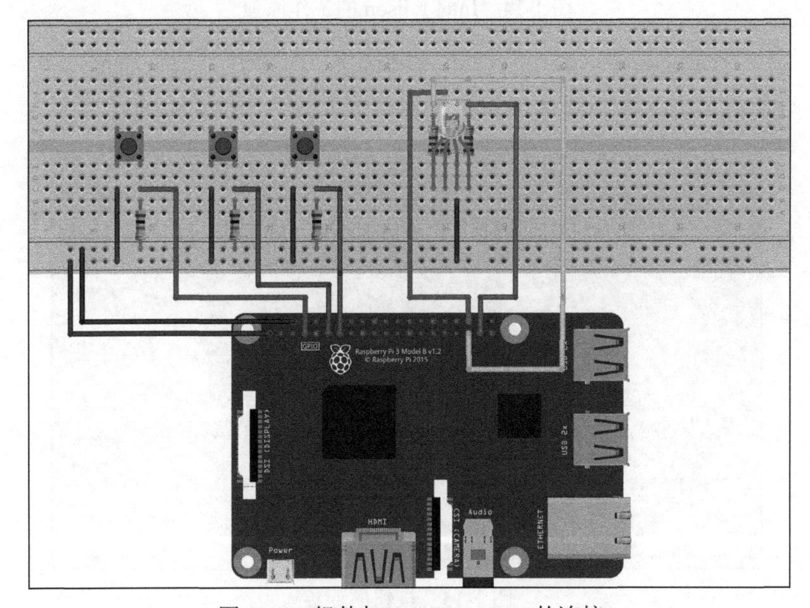

图 1-13 组件与 Raspberry Pi 3 的连接

Intel Edison 的工作原理如图 1-14 所示。

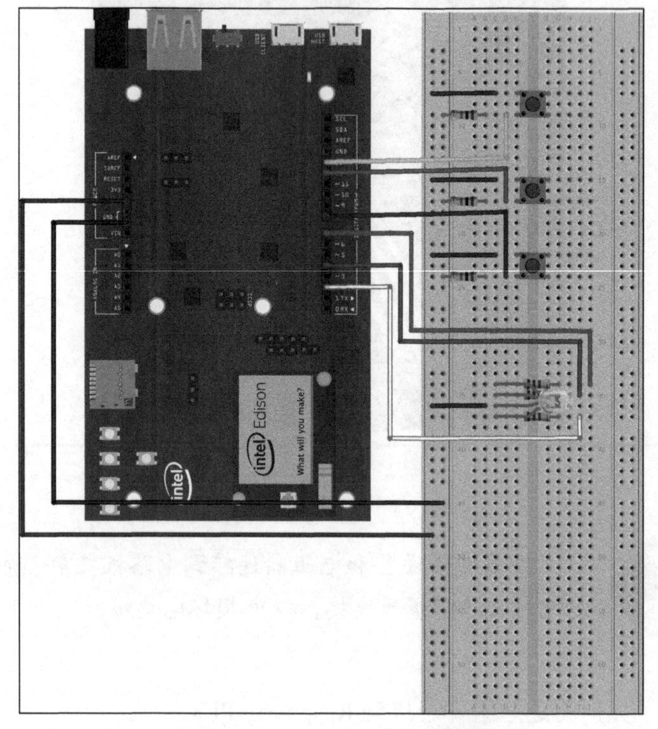

图 1-14　Intel Edison 的工作原理

图 1-15 展示了实际操作过程中如何中连接按钮。连接方式相当简单，一个 10 kΩ 的下拉电阻将一个按钮引脚连接到接地极。每个按钮都对应一个下拉电阻。

图 1-15　按钮的连接

图 1-16 展示了如何连接 LED。

图 1-16 LED 的连接

200Ω电阻连接每个 RGB LED 的引脚和电路板的引脚，用于限制流入 LED 的电流。把另一个引脚（即阳极）连接到 Raspberry Pi 3 的 3.3V 引脚和 Intel Edison 的+5V 引脚上。在编写代码之前，还需添加一个库，这个库有助于轻松地与按钮设备进行交互。打开 build.gradle（在 app 文件夹下），并添加以下依赖库。

```
dependencies {
    ...
    compile 'com.google.android.things.contrib:driver-button:0.1'
}
```

使用此库，可以在程序中控制按钮状态。另外，可以通过设置监听器来监听按钮状态的改变。

现在，打开创建项目中的 MainActivity.java，按以下步骤执行相应操作。

（1）在 onCreate 方法中添加以下代码行。

```
PeripheralManagerService manager = new PeripheralManagerService();
```

PeripheralManagerService 类是 Android Things SDK 类库引入的最重要的类之一，主要用于与外围设备进行交互。它提供了一组使用各种不同协议（即 GPIO、PWM 等）与多个不同设备交互的接口。Android Things 应用程序可以使用这个类打开或关闭电路板中的每个引脚，从而控制外围设备。同样，也可以为特定任务打开一个特定端口。

（2）创建 Button 类的 3 个不同实例，对应电路中使用的每个按钮。

```
Button button1 = new Button("IO13",
Button.LogicState.PRESSED_WHEN_LOW);
```

需要注意的是，我们需要指定按钮连接到电路板的哪个引脚。在以上代码中，连接的引脚名为 IO13。

可以发现，电路板上的每个引脚都会对应一个特定的名称，这些名称会因选择的电路板的不同而各不相同。如果使用 Intel Edison，则其中的引脚名称与 Raspberry Pi 3 引脚布局将完全不同，第 2 章将具体介绍这方面内容。以上代码中的另一个参数表示按下时按钮的逻辑电平。

如果使用的是 Raspberry Pi 3，因为引脚名称各异，所以必须使用以下代码代替上面的代码。

```
Button button1 = new Button("BCM4", Button.LogicState.PRESSED_WHEN_LOW);
```

我们还应当考虑另外一个问题，即当在不同的主板上安装 Android Things 应用程序时是否存在兼容性问题。答案是一定的，第 2 章会讨论如何处理这个问题及如何创建一个可同时兼容且独立于主板的应用程序。

（1）添加一个监听器（当用户按下按钮时用于响应相应的事件）。这种方式类似于正在操作具有 UI 的 Android 应用程序。

```
button1.setOnButtonEventListener(
  new Button.OnButtonEventListener() {
    @Override
    public void onButtonEvent(Button button, boolean
    pressed){ if (pressed) {
      redPressed = !redPressed;
      try {
      redIO.setValue(redPressed);
      }
      catch (IOException e1) {}
      }
    }
});
```

值得注意的是，我们根据按钮的状态将 redIO 引脚的值设置为 1（高）或 0（低）。redIO 连接到 LED 的红色引脚，可以用以下代码获取对它的引用。

```
redIO = manager.openGpio("IO2");
```

现在你不必纠结是否理解这段代码，第 2 章会介绍它的含义。

通过以上代码行，我们使用另一个引脚实现了与 LED 的通信。前面的示例仅适用于 Intel Edison 开发板，如果使用的是 Raspberry Pi 3，则引脚名称会有所不同，需要自行更改。

（2）参照前面的步骤，通过以下代码设置绿色按钮。对于蓝色按钮，代码也类似。

```
button2.setOnButtonEventListener(new Button.OnButtonEventListener()
{
    @Override
    public void onButtonEvent(Button button,
        boolean pressed) {if (pressed) {
            greenPressed = !greenPressed;
            try {
            greenIO.setValue(greenPressed);
            }
        catch (IOException e1) {}
       }
    }
});
```

（3）初始化 greenIO。

```
greenIO = manager.openGpio("IO4");
```

（4）设置蓝色按钮的监听器。

```
button3.setOnButtonEventListener(new Button.OnButtonEventListener()
{
    @Override
    public void onButtonEvent(Button button,
    boolean pressed) {
        if (pressed) {
            bluePressed = !bluePressed;
            try {
                blueIO.setValue(bluePressed);
            }
            catch (IOException e1) {}
```

```
            }
        }
    });
```

（5）初始化 blueIO。

```
blueIO = manager.openGpio("IO7");
```

（6）修改 Manifest.xml。在 Android 中，应用程序使用 Manifest.xml 来声明各个 Android 组件，如 Activity、Service 等。

Android Things 项目仍需要进行声明操作，但声明方式与 Android 的有所不同。具体步骤如下。

（1）打开 Manifest.xml，找到 Activity。

（2）删除所有 intent-filter 标签。

（3）在相同的位置添加以下代码。

```
<intent-filter>
<action
android:name="android.intent.action.MAIN" />
<category android:name=
"android.intent.category.IOT_LAUNCHER" />
<category android:name=
"android.intent.category.DEFAULT" />
</intent-filter>
```

（4）保存文件。

需要注意的是，这里将会有一种新的类型。如果要在嵌入式设备（如 Raspberry Pi 3 或 Intel Edison）上运行 Activity，则必须添加 IOT_LAUNCHER 类型。

现在，可以将电路板连接到 PC/Mac 计算机上，单击 Android Studio 顶部的运行按钮（见图 1-17）。

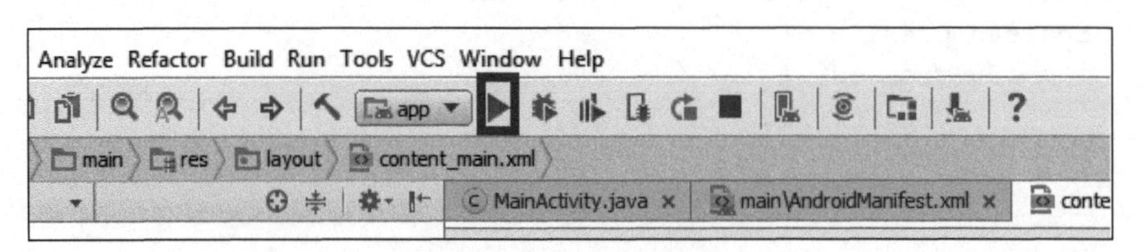

图 1-17 单击运行按钮

电路板设备将出现在可用的设备列表中，如图 1-18 所示。

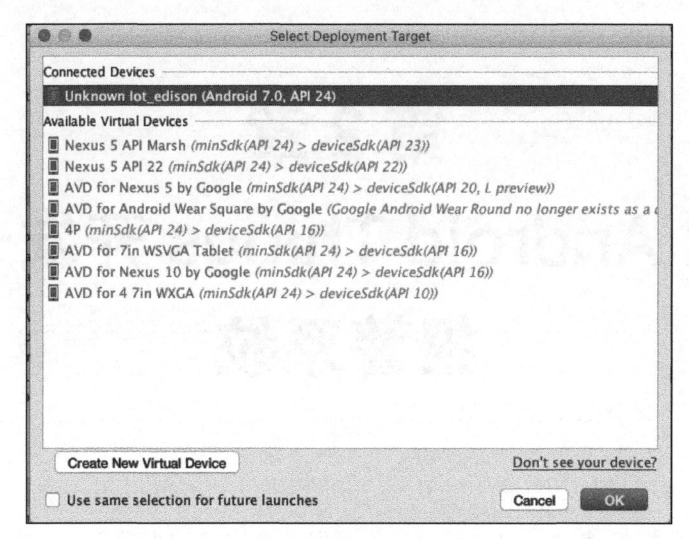

图 1-18 可用的设备列表

执行该应用程序，其安装过程与 Android 应用程序的过程相同。安装完成后，便可以开始使用应用程序。

单击其中各按钮，我们会看到 LED 将会变为相应的颜色。此外，也可以完全关闭 LED。

1.12 本章小结

本章简要介绍了 Android Things 系统及其工作原理，并介绍了如何在 Raspberry Pi 3 和 Intel Edison 上安装 Android Things 系统。要测试开发的 Android Things IoT 项目，需要一款兼容它的开发板。同时，本章还讲述了如何开发一个能与外围设备交互的 Android Things 应用程序。现在，我们已经准备好使用 Android Things SDK 开发一些有趣的项目了。在第 2 章中，我们将开发一个报警系统，并使用具有 Android Things 的 PIR 传感器来检测运动物体。此外，第 2 章也将探究如何使用 GPIO 引脚让设备与外围环境通信。

第 2 章 使用 Android Things 开发一个报警系统

在本章中，我们将使用 Android Things 开发一个完整的报警系统。在该项目中，要完成一个用 PIR 传感器检测物体移动的系统。传感器一旦检测到周围物体在移动，Android Things 应用程序就向用户的智能手机发送通知。该项目的基本原理类似于家用报警系统，但使用的是 Android Things 这种全新的操作系统来搭建。这是一个值得深入研究的项目，因为它同时使用了 IoT 开发中的传感器和云平台这两个核心要素。通过这个项目，读者也将学习如何在 Android Things 中使用 GPIO 引脚及它如何与双状态传感器进行交互。

本章内容如下：

- 搭建报警系统；
- 使用 GPIO 引脚和 PIR 传感器；
- 处理 GPIO 引脚的事件；
- 构建独立于开发板的应用程序；
- 向 Android 智能手机通知 Android Things 中的事件。

该项目将充分展示出 Android Things SDK 的强大功能，以及如何使用 Android 技术来实现 IoT 项目。首先简单介绍一下将要开发的项目。

2.1 报警系统概述

报警系统是一个相对比较复杂的系统，它需要使用多个传感器来保证家庭的安全。实现该系统的核心是检测移动的传感器，这些传感器可以检测物体是否在其检测区域中移动。一旦物体发生移动，这些传感器会向用户通知此事件。本章将会介绍如何完成一个实用的项目，使用这些传感器来检测物体的移动并将事件通知到智能手机。在该项目的最后，我们将能够检测在未经授权的情况下是否有人进入家里。开发此项目之后，也可以为其扩展更多的功能，添加更多的传感器，使其可以监控多个房间。此外，基于该项目，可进行扩展并添加新功能。图 2-1 描述了此 Android Things 项目的工作方式。

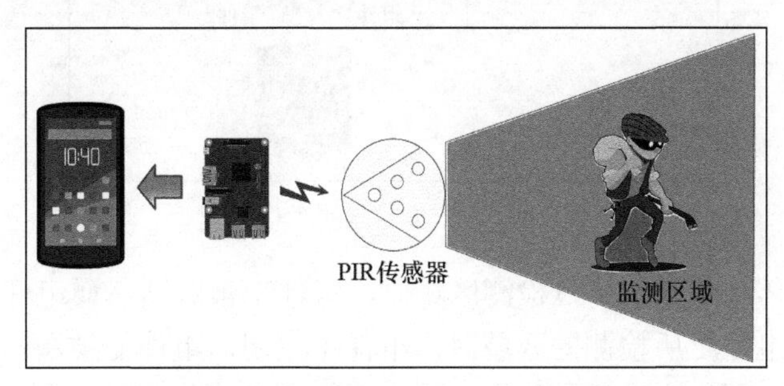

图 2-1　Android Things 项目的工作方式

主要步骤如下。

（1）无源红外（Passive InfraRed，PIR）传感器扫描检测区域，寻找是否有移动的物体。

（2）一旦检测到有移动的物体，就将通知 Android Things 主板捕捉该事件。

（3）Android Things 主板处理通知事件并连接谷歌 Firebase 向用户的智能手机发送通知。

2.1.1 PIR 传感器

上一节提及了一种名为 PIR 的传感器，以它作为开发这个项目的基础。先简单介绍一下 PIR 传感器。PIR 传感器是一种能够通过检测物体发射的红外（IR）光来检测运动的传感器。所有物体（尤其是人体、动物等）都会利用红外线发射能量。虽然人眼看不到这种能量，但我们可以使用像 PIR 这样的特殊传感器来检测能量。实际上，在项目中真正检测的也是物体发射的能量的变化。无源（passive）指的是这个传感器不会产生或辐射红外线，它只能检测被发射的能量。在深入研究项目之前，有必要了解 PIR 传感器如何工作，以便能够更好地理解它的使用方式。

PIR 传感器是一种非常复杂的传感器，它使用两种不同的组件，每种组件都对红外线很敏感。图 2-2 描述了 PIR 传感器的工作原理。

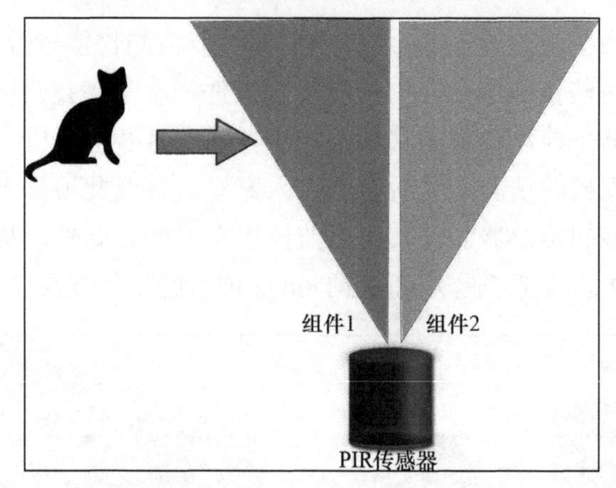

图 2-2 PIR 传感器的工作原理

当有体温的身体（如猫）穿过检测区域时，组件 1 被激活，而组件 2 暂时保持空闲。当身体移动并离开组件 1 所检测的区域时，组件 1 空闲，组件 2 被激活。应用这个简单的原理，传感器就可以到检测物体在何时移动。在此过程结束时，将触发报警事件。

PIR 传感器具有多种不同的配置方式。最常见的配置方式是使用菲涅尔透镜，以便于拓宽检测区域。

图 2-3 展示了此 Android Things 项目使用的 PIR 传感器。

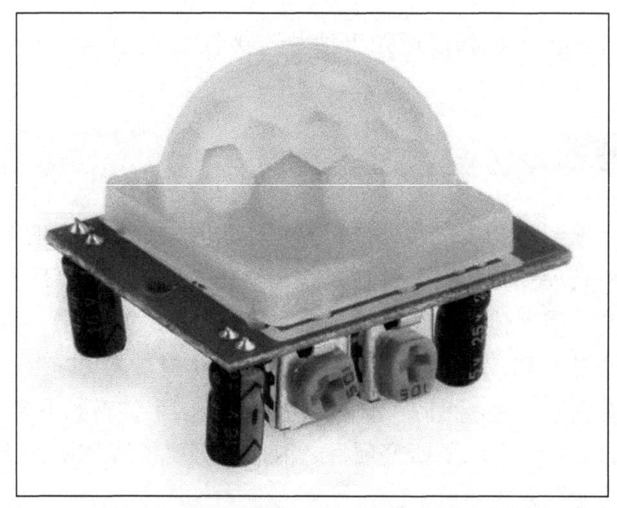

图 2-3 此项目使用的 PIR 传感器

这个传感器有两个电位器。一个用于调整灵敏度，另一个用于控制检测到物体时信号为高电平的时间。

2.1.2 项目原理

构建这个项目需要如下外围设备：

- PIR 传感器；
- Raspberry Pi 3 或 Intel Edison；
- 谷歌 Firebase 账户；
- 跳线。

可以在亚马逊、Sparkfun 或 Adafruit 等在线商店购买 PIR 传感器。

如果使用的是 Raspberry Pi 3，则采用图 2-4 所示的连接方式将 PIR 传感器连接到 Android Things 主板。

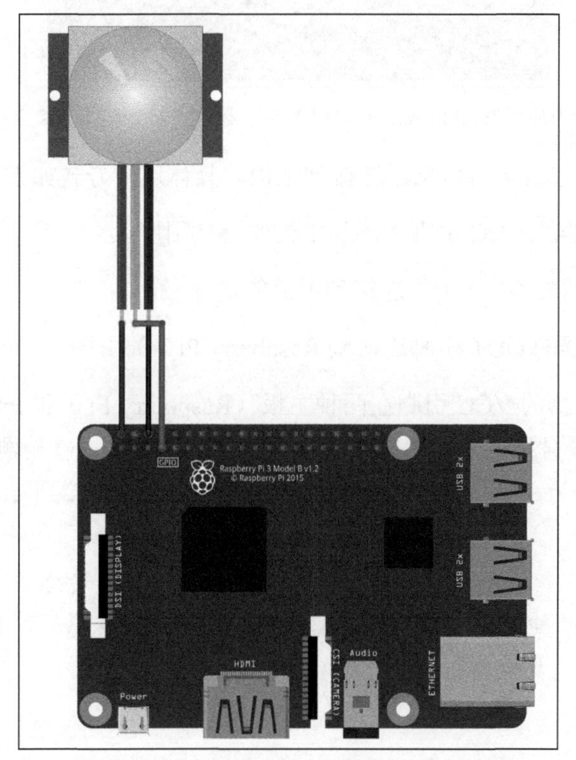

图 2-4 当使用 Raspberry Pi 3 时，PIR 传感器与 Android Things 主板的连接

如果使用的是 Intel Edison，则采用图 2-5 所示的连接方式。

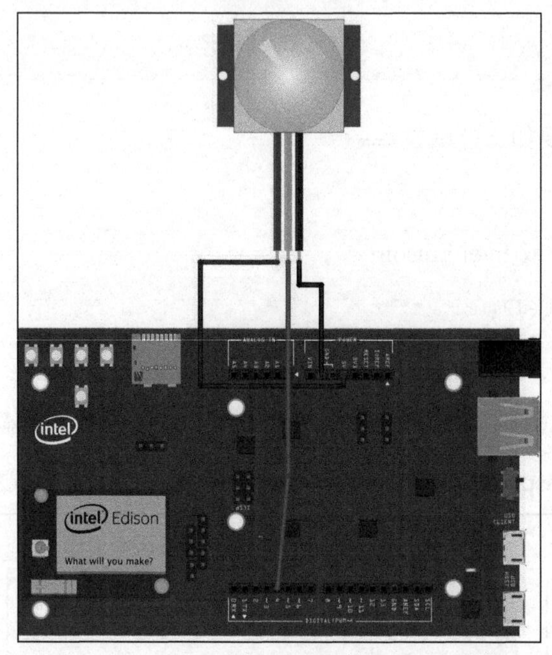

图 2-5　当使用 Intel Edison 时，PIR 传感器与 Android Things 主板的连接

以上情况下，可以直接将传感器连接到主板。具体连接方式如下。

- 将 PIR 传感器的 VCC 引脚连接到主板的+5V 引脚。
- 将 PIR 传感器的 GND 引脚连接到主板的接地极。
- 将 PIR 传感器的 OUT 引脚连接到 Raspberry Pi 3 的引脚 7（Intel Edison 的引脚 4）。

可以看到，传感器的 VCC 引脚在两种主板（Raspberry Pi 3 和 Intel Edison）下都连接在+5V 引脚。PIR 传感器的 OUT 引脚在未检测到运动时为零，在检测到运动时为+3V。由于 PIR 提供的高电平为+3V，因此可以将 PIR 传感器安全地连接到 Raspberry Pi 3。

当从计算机上拔下传感器时，请将传感器连接到电路板。在打开电路板时，请勿连接传感器，以免损坏电路板和传感器。

2.1.3　使用 GPIO 引脚

通常，使用相应的引脚将外围设备连接到 Android Things 主板。主板上有多种类型的引脚，该项目使用的是代表通用输入/输出的 GPIO 引脚。这些引脚是电路板（如 Raspberry Pi 3 或 Intel Edison）与外部世界之间交流的接口。可以将它们看作能够打开或关闭的开关。使用 GPIO 引脚，也可以处理二进制设备。GPIO 引脚只有两种状态：

- 打开，表示高电平或者 1；
- 关闭，表示低电平或者 0。

根据该性质，可以将所有拥有两种状态的外围设备连接到这些引脚。其中最典型的例子就是开关或简单的 LED（仅一种颜色的 LED）。前面描述的 PIR 传感器就属于这一类。

Android Things SDK 提供了一个重要的类——PeripheralManagerService，该类有助于与隐藏通信细节的 GPIO 引脚进行交互。要使用 PeripheralManagerService 类，可以在引脚上执行如下操作。

（1）获取 PeripheralManagerService 的实例。

（2）使用引脚标识符打开与引脚的连接。

（3）声明引脚用于读取（输入）还是写入（输出）。

接下来，尝试在项目中实现上述功能。

复制 Android Things 项目模板，打开 MainActivity.java 并在 onCreate 方法中添加以下代码。

```
PeripheralManagerService service = new PeripheralManagerService();
```

通过上述方式，我们获得了 PeripheralManagerService 类的实例，该类封装了处理 GPIO 的具体通信细节。

在 onCreate 方法中添加如下代码。

```
try {
   gpioPin = service.openGpio(GPIO_PIN);
   gpioPin.setDirection(Gpio.DIRECTION_IN);
   gpioPin.setActiveType(Gpio.ACTIVE_HIGH);
}
catch(IOexception ioe) {}
```

上述代码比较简单。应用程序打开与 GPIO_PIN 中指定的 GPIO 引脚的连接。Raspberry Pi 3 和 Intel Edison 具有不同的 GPIO 引脚顺序，引脚名分别如下。

- 对于 Raspberry Pi 3，引脚名为 BMC。
- 对于 Intel Edison，引脚名为 IO4。

之后，应用程序便可以处理它指定的连接类型。在这个项目中，我们想要从引脚读取数据，所以需要声明 Gpio.DIRECTION_IN。正如上面提到的，GPIO 引脚可用于读取或写入，因此有两个可能的取值。

- 对于读，取 Gpio.DIRECTION_IN。
- 对于写，取 Gpio.DIRECTION_OUT。

最后，还需要设置对应于高电平或低电平的布尔值。使用接受两个参数的 setActiveType 来实现该功能。

- Gpio.ACTIVE_HIGH：如果引脚处于高电压，则该值为 true。
- Gpio.ACTIVE_LOW：如果引脚处于低电压，则该值为 true。

一旦出现异常，这些方法会引发 IOException 异常。因此，所有相关操作都应当位于 try/catch 子句中。

仅通过 GPIO 引脚，便可以使用 Android Things 构建令人惊叹的 IoT 项目。但请注意，当使用 GPIO 引脚将外围设备连接到电路板时，请确保外围设备的输出与电路板工作电压兼容。如果输出传感器的电压高于电路板的工作电压，则可能会损坏电路板。

2.1.4　从 GPIO 引脚读取数据

一旦初始化了 GPIO 引脚的连接，便可以读取其状态。使用如下代码，读取这里使用的传感器的状态。

```
boolean status = gpioPin.getValue();
```

getValue 方法返回一个布尔值，表示引脚的状态是否为打开。在这个项目中，我们希望能够不断地检查引脚的状态以了解是否有人在房间里移动。可以创建一个子线程来不断地读取引脚状态。

打开 MainActivity.java 并在 onCreate 方法的末尾添加以下代码。

```
(new Thread(new Runnable() {
    @Override
    public void run() { try {
        while (true) {
          boolean status = gpioPin.getValue();
          Log.d(TAG, "State [" + status + "]");
          if (status) {
            Log.i(TAG, "Motion detected...");
          }
            Thread.sleep(5000);
          }
        }
        catch(Exception e) { e.printStackTrace();
      }
    }
})).start();
```

现在，可以像运行 Android 应用程序那样运行上述程序。打开日志窗口，会发现应用程序不断地在写入传感器的状态。如果状态为 false，则停止检测。

可以尝试将手放在传感器附近，这样就会判断 PIR 传感器能否检测到你。以下为移动手时的应用程序日志，从显示的日志可以看出，PIR 已经检测到了物体的移动并给出了相关提示消息。

```
"Motion detected":
androidthings.project.alarm D/MainActivity: Sensor status [false]
androidthings.project.alarm D/MainActivity: Sensor status [false]
androidthings.project.alarm D/MainActivity: Sensor status [false]
androidthings.project.alarm D/MainActivity: Sensor status [true]
androidthings.project.alarm I/MainActivity: Motion detected..
androidthings.project.alarm D/MainActivity: Sensor status [false]
androidthings.project.alarm D/MainActivity: Sensor status [false]
androidthings.project.alarm D/MainActivity: Sensor status [false]
```

该方法确实有效，但很耗时，因为即使 PIR 传感器没有检测到任何人，Android Things 应用程序也必须始终监视引脚状态。幸运的是，使用监听器也可以实现此功能。这种方式更快，并且与开发 Android 应用程序的方式极类似。

2.1.5 向 GPIO 添加监听器

如前所述，除了开启子线程之外，还可以使用监听的方式不断读取传感器状态。

Android Things SDK 提供了一个回调类，当传感器更改其状态时会调用该类。可以通过以下两个步骤为 GPIO 添加监听器。

（1）声明要监听的事件。

（2）实现一个回调类来处理事件并注册它。

接下来，依次描述其中的每一步。

1. 声明要监听的事件

第一步是定义要监听的事件类型。有以下 4 种不同类型的更改事件。

- **EDGE_NONE**：未触发任何事件。
- **EDGE_RISING**：触发器在上升沿触发。引脚电压值从低变高或从假变真。
- **EDGE_FALLING**：触发器在下降沿触发。引脚电压值从高变低或从真变假。
- **EDGE_BOTH**：EDGE_RISING 和 EDGE_FALLING 更改事件的组合。也就是说，当信号从低变高或从高变低时，我们希望得到通知。

图 2-6 展示了后面 3 种类型的更改事件。

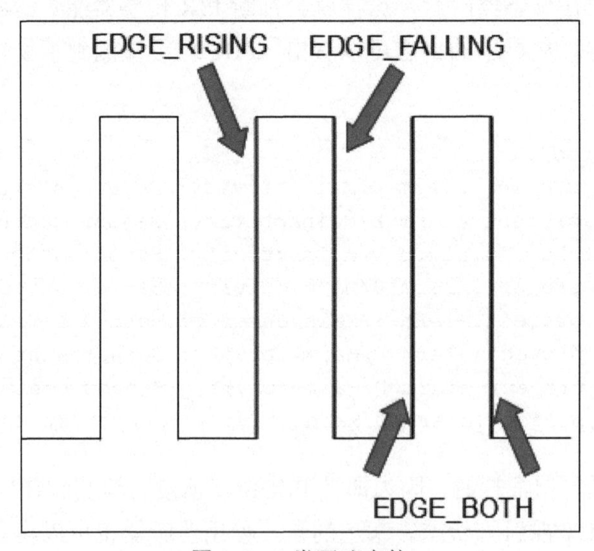

图 2-6 3 类更改事件

使用如下操作声明要监听的事件。

```
gpioPin.setEdgeTriggerType(event_type);
```

其中，gpioPin 是 GPIO 类的一个实例。在该 Android Things 项目中，我们希望在信号从低到高变化时收到通知，因为这意味着我们正在检测物体的运动。

```
gpioPin.setEdgeTriggerType(Gpio.EDGE_RISING);
```

2．实现回调类

一旦定义了某事件，就需要创建一个回调类来处理该事件，它将会在事件触发时调用。回调类必须继承自 GpioCallback。项目中的回调类如下。

```
private class SensorCallBack extends GpioCallback {
    @Override
    public boolean onGpioEdge(Gpio gpio) {
        try {
            boolean callBackState = gpio.getValue();
            Log.d(TAG, "Callback state ["+callBackState+"]");
        }
        catch(IOException ioe) { ioe.printStackTrace();
        } return true;
    }
    @Override
    public void onGpioError(Gpio gpio, int error) {
        super.onGpioError(gpio, error);
    }
}
```

在 MainActivity.java 的末尾，即在最后一个右大括号之前，添加上述类。

为了实现自定义回调类，需要重写下面两个重要的方法：

- public boolean onGpioEdge；
- public boolean onGpioError。

当使用 setEdgeTriggerType 注册的事件被触发时，将调用第一个方法。在报警系统中，重写此方法以实现自定义逻辑。在该用例中，仅当引脚的电压从零上升到高电平时才调用该方法。在回调类中，在自定义逻辑中向用户的智能手机发送通知。

当引脚发生错误时，第二种方法会被调用。可以使用此类来优雅地处理出现的错误并将其通知给用户。

最后，需要注册回调类。

```
SensorCallBack callback = new SensorCallBack();
gpioPin.registerGpioCallback(callback);
```

现在，可以再次运行应用程序，只要手在 PIR 传感器附近移动，就可以检查该事件是否被触发。打开日志，你会看到 Android Things 应用程序日志 Call back state...，该日志展示了传感器的状态。

2.2 关闭与 GPIO 引脚的连接

本节介绍如何关闭与 GPIO 引脚的连接。该步骤很有必要，基于此，才可以释放资源并删除添加到 GPIO 引脚的所有监听器，以避免内存泄露。

Android Things 应用程序的生命周期概念与 Android 应用程序的非常类似。同样在 Activity 的 onDestroy 方法中实现释放资源的相关操作。在该方法中，必须完成以下操作。

- 删除连接到 GPIO 引脚的所有监听器。
- 关闭与 GPIO 引脚的连接。

打开 MainActivity.java，找到 onDestroy 方法并修改把该方法为如下代码。

```
@Override
protected void onDestroy()
{ super.onDestroy(); Log.d(TAG, "onDestroy");
  if (gpioPin != null) {
    gpioPin.unregisterGpioCallback(sensorCallback);
    try {
      gpioPin.close(); gpioPin = null;
    }
    catch(Exception e) {}
  }
}
```

2.3 处理 Android Things 中的不同主板

至此，本章还没有提及如下两个重要的方面：

- 如何选择引脚连接的外围设备；
- 如何识别引脚名称。

关于第一方面，在 Raspberry Pi 3 和 Intel Edison 中，对于所有主板，各个引脚的功能各不相同。换句话说，不能随意地将外围设备连接在引脚，必须根据外围设备的规格选择合适的引脚。因此，我们有必要了解每个主板的引脚排列，这样才能确定每个外围设备的对应引脚。

当要开发一个可在不同主板上运行的 Android Things 应用程序时，第二方面需要格外关注。从代码的角度来看，这没有问题，因为 Android Things SDK 提供的 Java 接口可以保证在所有兼容的主板上运行应用程序。目前，当需要一个引脚时，需要使用两个版本，一个用于 Raspberry Pi 3，另一个用于 Intel Edison。如果开发的是一个仅在一类主板上运行的应用程序，这毫无问题，但如果要构建一个可以移植到不同主板上的应用程序而不更改代码，这种方法将行不通。也就是说，必须找到一种方法来动态地发现应用程序所在的主板，并根据它来更改引脚名称。

2.3.1 Android Things 主板的引脚

Raspberry Pi 3 的引脚排列如图 2-7 所示。目前只需要关注 GPIO 引脚。

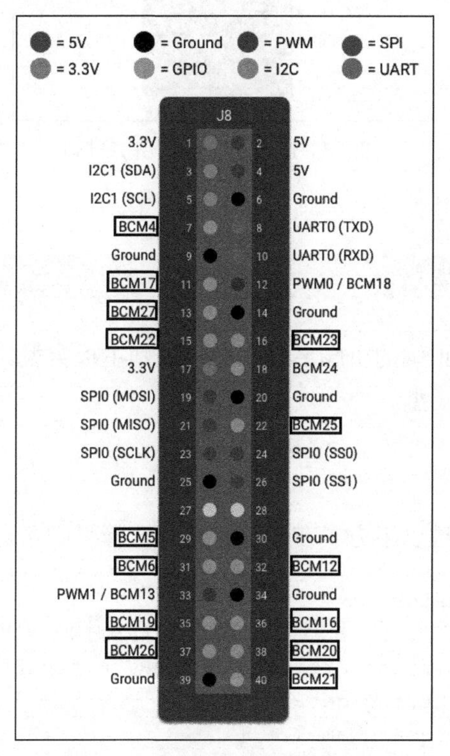

图 2-7 Raspberry Pi 3 的引脚排列

Intel Edison 的引脚排列如图 2-8 所示。

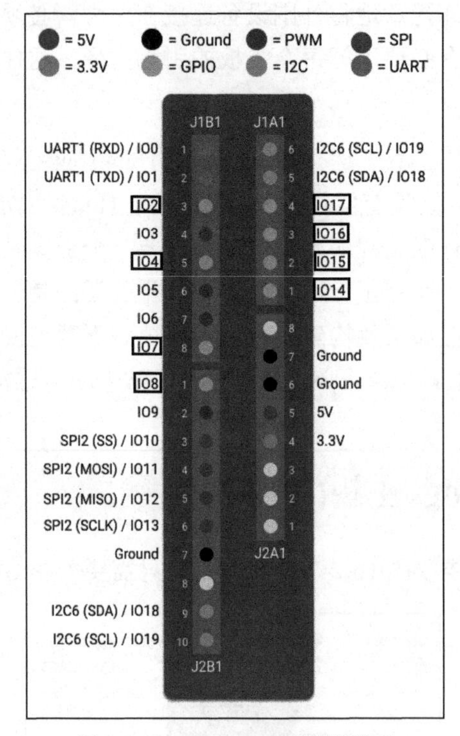

图 2-8 Intel Edison 的引脚排列

现在我们应该已经清楚如何选择项目中的引脚了。

2.3.2 识别主板类型

为了根据电路板选择正确的引脚名称，必须识别主板类型。Android Things SDK 提供了下面的常量来判断主板类型。

```
Build.BOARD
```

使用此变量，可以通过以下方式在运行时动态选择引脚名称。

```
public class BoardPins {
    private static final String EDISON_ARDUINO = "edison_arduino";
    private static final String RASPBERRY = "rpi3";
    public static String getPirPin() {
         switch(getBoardName()) {
         case RASPBERRY:
```

```
        return "BCM4";
        case EDISON_ARDUINO:
        return "IO4"; default:
        throw new IllegalArgumentException
        ("Unsupported device");
        }
    }
    private static String getBoardName() {
       String name = Build.BOARD;
       if (name.equals("edison")) {
           PeripheralManagerService service = new PeripheralManagerService();
           List<String> pinList = service.getGpioList();
            if (pinList.size() > 0) {
                String pinName = pinList.get(0);
                 if (pinName.startsWith("IO"))
                      return EDISON_ARDUINO;
            }
     }
    return name;
    }
}
```

Android Things SDK 返回的主板名称并不能帮我们区分出 Intel Edison 主板的类型。为此，这里列出了所有引脚并在引脚中查找特定名称，这样我们便能够识别主板类型。

注意，此方法返回的引脚名称与图 2-8 所示的引脚一致。

再次打开 MainActivity.java 并修改定义引脚的方法。找到如下代码。

```
gpioPin = service.openGpio...
```

将以上代码替换为以下内容。

```
gpioPin = service.openGpio(BoardPins.getPirPin());
```

现在，Android Things 应用程序已经独立于运行应用程序的主板。

当使用名称引用引脚时，必须使用前面显示的方法获取其名称，以便应用程序可以在所有支持的 Android Things 主板上运行。

2.4 实现通知功能

现在实现该项目的最后一部分——通知系统。接下来将介绍如何在检测到物体的运动时向用户的智能手机发送通知。此 IoT 项目使用谷歌 Firebase 作为消息系统。谷歌 Firebase 是由谷歌公司开发的云平台，提供了一系列实用且强大的服务。这里只使用其中的通知服务。

可以通过多种方式将 Android Things 应用程序中的通知发送到用户的智能手机。简单起见，这里使用主题（topic）。可以将主题当作一个频道。当设备订阅主题后，它将收到发布到此频道的所有消息。在这个项目中，智能手机的行为类似于订阅者，它将从它订阅的频道接收消息，而 Android Things 应用程序则类似于消息的发布者。

现在我们已经清楚了 Android Things 应用程序和通知在这个项目中扮演的角色。

在实现它们之前，必须先配置 Firebase。

2.4.1 配置 Firebase

配置 Firebase 的步骤如下。

（1）在 Firebase 中创建一个账户。

① 打开 Firebase 主页，然后单击“免费创建你的账户”按钮。

② 设置所需的所有信息。

③ 确认并创建账户。

（2）新建、配置一个新项目。

① 登录 Firebase 控制台。

② 单击页面链接，转到控制台。

③ 创建项目。单击 CREATE NEW PROJECT 按钮（见图 2-9），弹出图 2-10 所示的页面。

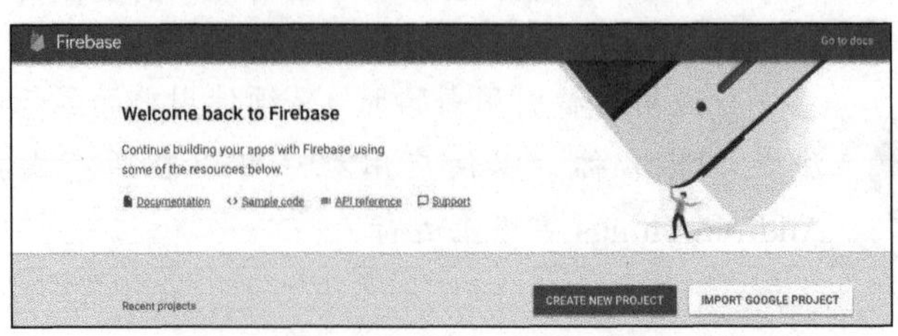

图 2-9 单击 CREATE NEW PROJECT 按钮

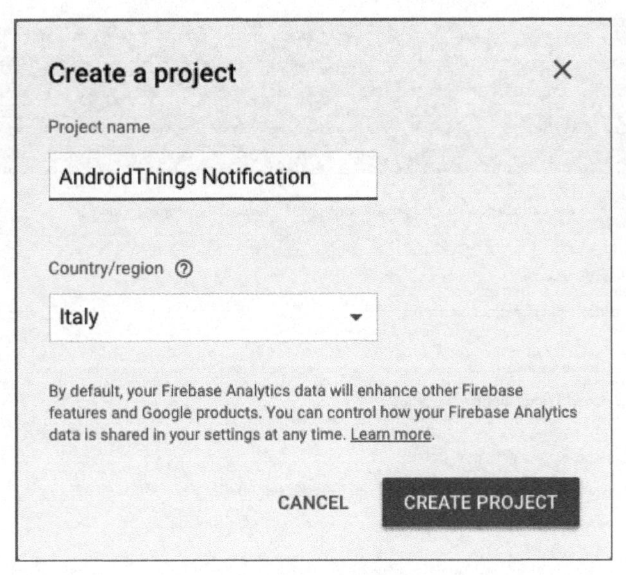

图 2-10 创建项目

④ 填写 Project name 及 Country/region，单击 CREATE PROJECT 按钮创建该项目。

（3）使用管理控制台管理项目（见图 2-11）。

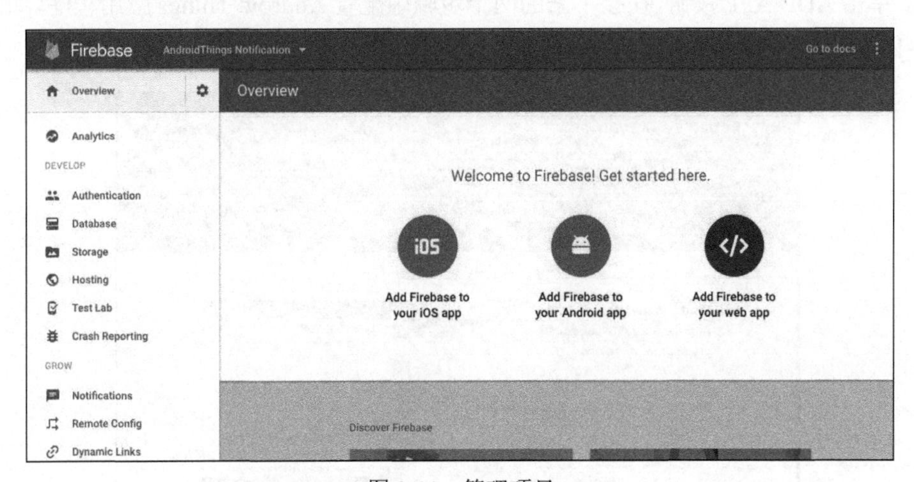

图 2-11 管理项目

① 单击 Add Firebase to your Android app 选项，将 Android 应用程序添加到此项目中。Firebase 控制台并不能区分 Android 和 Android Things 应用程序。

② 在下一个界面中，添加 Android Things 应用程序的详细信息，提供项目中使用的包名称，如图 2-12 所示。

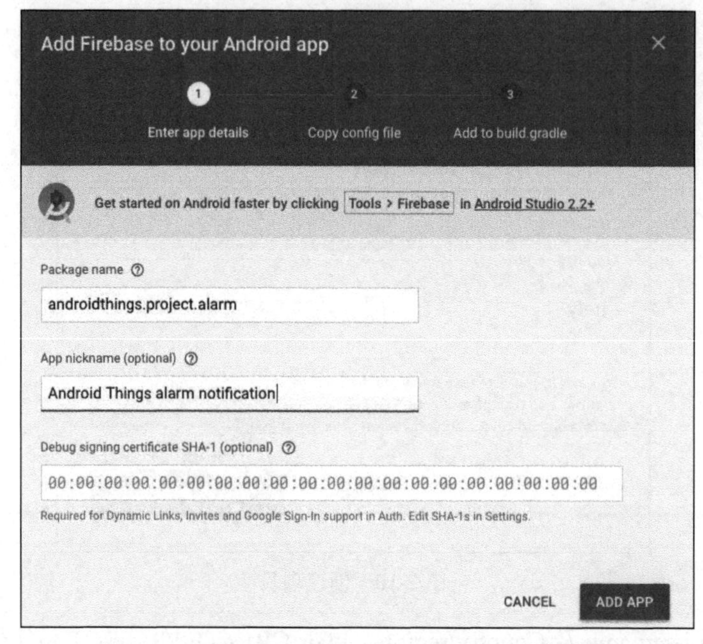

图 2-12　添加 Android Things 应用程序的详细信息

③ 单击 ADD APP 按钮，在接下来的两个步骤中配置 Android Things 应用程序，如图 2-13 和图 2-14 所示。

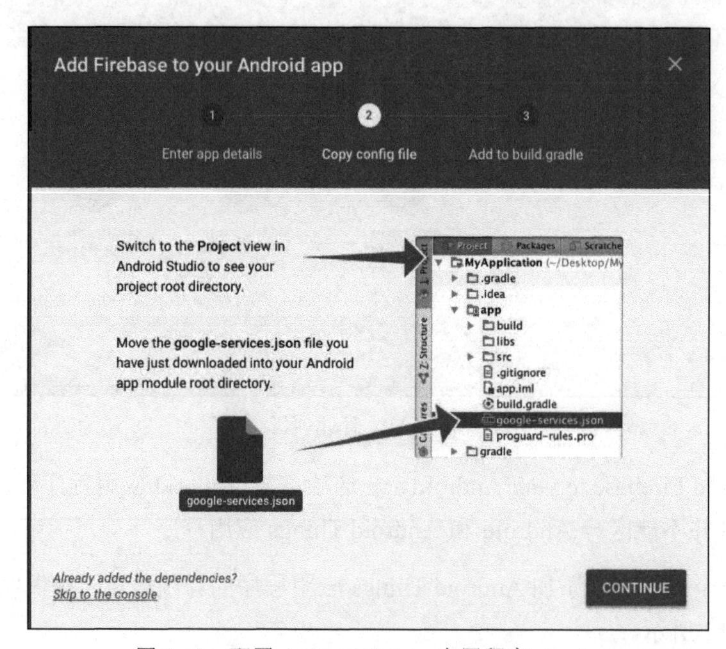

图 2-13　配置 Android Things 应用程序（一）

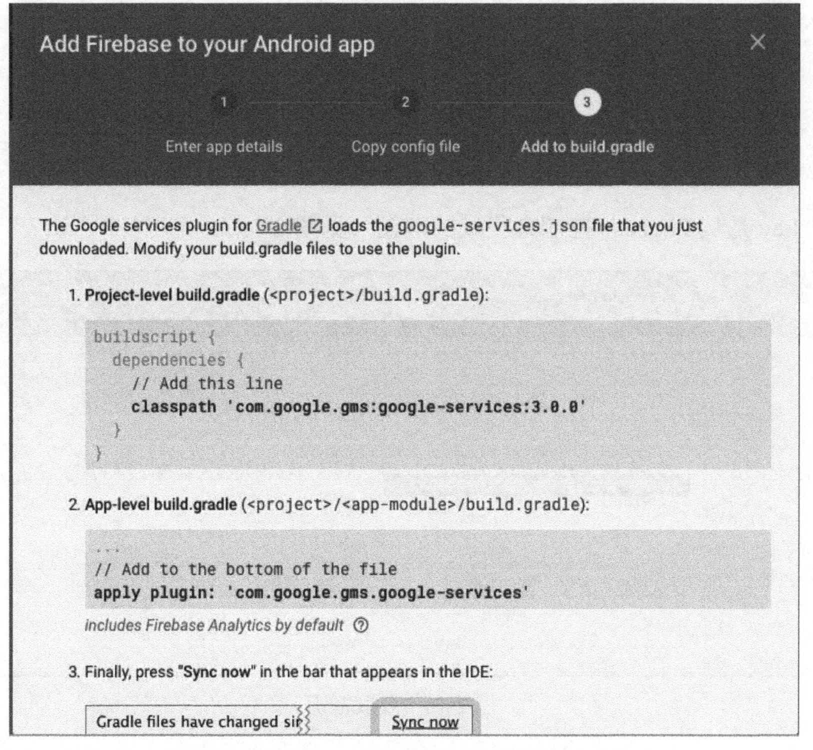

图 2-14 配置 Android Things 应用程序（二）

2.4.2 在 Android Things 应用程序中添加通知功能

配置完 Firebase 后，便可以将通知功能添加到报警系统中。

将本书配套源代码中的 NotificationManager.java 类复制到项目的 androidthings.project.alarm.util 包下。NotificationManager.java 类管理应用程序与 Firebase 的连接并发送通知。

打开 MainActivity.java，并在回调类的 onGpioEdge 方法中添加以下行。

```
public boolean onGpioEdge(Gpio gpio) {
    try {
       boolean callBackState = gpio.getValue();
       Log.d(TAG, "Call back state ["+callBackState+"]");
        NotificationManager.getInstance().sendNotificaton("Alarm!",
           server_key);
    }
```

```
    catch(IOException ioe) {
        ioe.printStackTrace();
    }
    return true;
}
```

server_key 是从 Firebase 控制台获取的密钥（见图 2-15）。

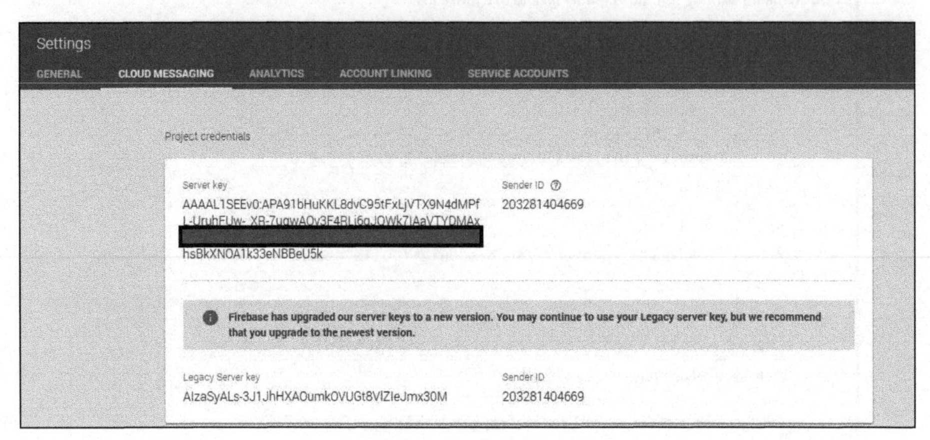

图 2-15 获取密钥

由于 Android Things 应用程序必须使用互联网来连接 Firebase 云服务，因此还需要修改 Manifest.xml 来获取权限。

```
<uses-permission android:name= "android.permission.INTERNET" />
<uses-permission android:name= "android.permission.ACCESS_NETWORK_STATE" />
```

现在，Android Things 应用程序已经可以发送通知了。

2.5 配套的 Android 应用程序

要接收通知，必须在智能手机上安装 Android Things 项目配套的 Android 应用程序。为了简化系统，该 Android 应用程序简单实现如下功能。

（1）订阅 Android Things 应用程序用于发送通知的频道。

（2）实现服务，以监听传入的通知。

（3）向用户显示通知。

如果读者不知道如何在 Android 中接收通知，可以访问谷歌官网了解更多信息。配套的 Android 应用程序的源代码可在本书的源代码中找到。因为只需要订阅主题和等待通知，所以界面非常简单。

使用 Android Studio 打开项目，并将智能手机连接到 PC/Mac 计算机，安装该应用程序。将 google-services.json 文件添加到 App 文件夹中，此文件与图 2-13 中下载的文件相同。运行并安装该应用程序。

该应用程序 UI 如图 2-16 所示。

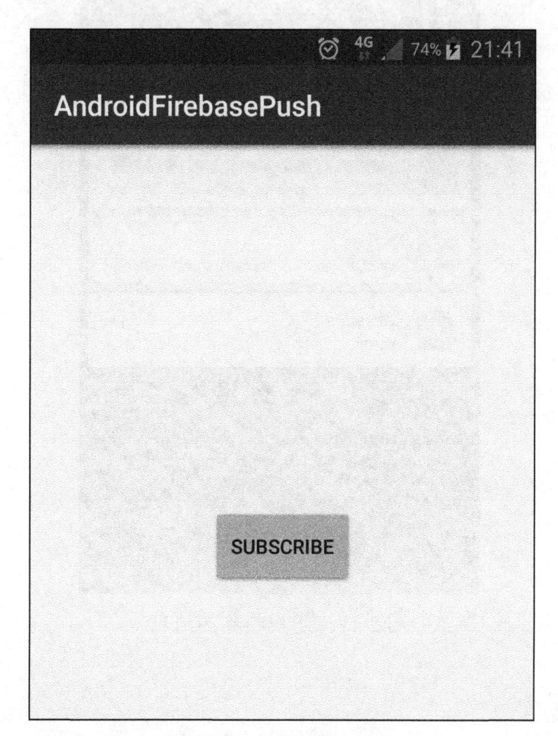

图 2-16 应用程序 UI

单击 **SUBSCRIBE** 按钮订阅通知频道。

接下来，需要在主板上安装 Android Things 应用程序以测试应用程序是否能正常运行。一旦检测到物体的移动，系统将通过发送通知与谷歌 Firebase 平台交互。在云端，Firebase 平台会将消息发送到用户的智能手机。图 2-17 展示了用户收到的消息。

在 Android Things 应用日志下方，可以找到发送到 Firebase 云平台的消息正文。

```
androidthings.project.alarm D/MainActivity: Call back state [true]
androidthings.project.alarm D/Alm: Send data androidthings.project.alarm
D/NetworkSecurityConfig: No Network Security Config specified, using
```

```
platform default androidthings.project.alarm D/Alm: Body [{ "to":
"/topics/alarm", "data": { "message": "Alarm!" } }]
androidthings.project.alarm D/Alm:{"message_id":4893156909668643035}
```

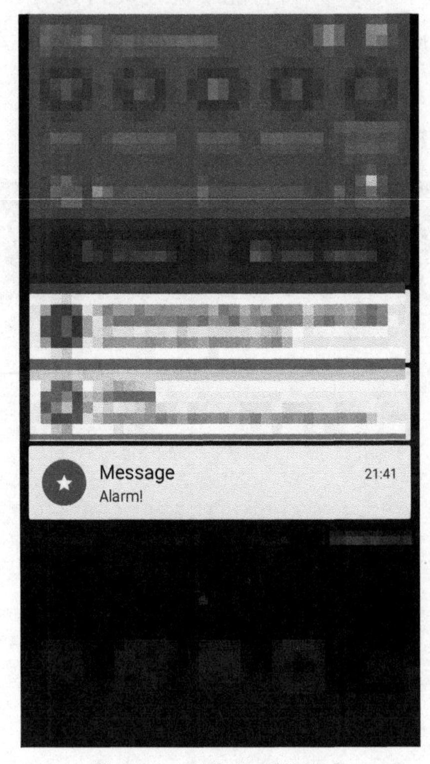

图 2-17 用户收到的消息

2.6 本章小结

本章介绍了如何使用 Android Things SDK 实现一个报警系统。现在，我们已经掌握如何借助 GPIO 引脚使用双状态的传感器。本章还讨论了如何将 Android Things 应用程序与 Firebase 等 Google 提供的云服务集成以发送通知。

利用本章的知识，我们可以开发这个项目，之后可以添加更多新的功能，例如，添加更多 PIR 传感器来同时监控多个房间。此外，也可以使用 Firebase 云数据库记录传感器检测到移动的时间来达到持久储存的功能。

第 3 章将讲述如何使用更复杂的传感器来测量物理属性，以及如何使用 I^2C 传感器并将它们集成到 Android Things 应用程序中。

第 3 章
构建环境监测系统

本章将介绍如何开发一个环境监测系统，其主要目的是用 Android Things 开发一个监测周围实物物理属性的多功能 IoT 系统。在该 Android Things 项目中，我们将使用第 1 章介绍的 RGB LED 和一个表示环境情况的单色 LED。为了达到预期效果，需要使用不同类型的传感器。我们已经在前面的章节中学会了如何使用双状态传感器，在本章中，我们会使用有多个不同节点和引脚的复杂传感器。具体来说，本章将重点介绍如何同时使用 I^2C 与 Android Things。

本章内容如下：

- 在 Android Things 中使用 I^2C 传感器；
- 使用 Sensor Manager 从传感器中读数据；
- 将获得的数据用 LED 可视化；
- I^2C 协议；
- I^2C 驱动程序。

在本章最后，我们将使用这个系统监测一些实际的环境参数，在室内或者户外监测一些空气属性。

3.1 环境监测系统项目概述

在开始编写代码之前，我们有必要对这个项目有一个大概的了解。此项目的目的是开发一个环境监测系统，以测量温度和压强两个属性。

除了使用传感器获取的数据之外，关于该项目，值得关注的一点是，Android Things

应用程序还会使用 LED 将这些参数可视化。换句话说，该项目将实现一个以某种方式对环境做出及时反应的应用程序，该应用程序将以某种自定义逻辑实现，并且可以控制其他外围设备。

该项目的工作原理如图 3-1 所示。

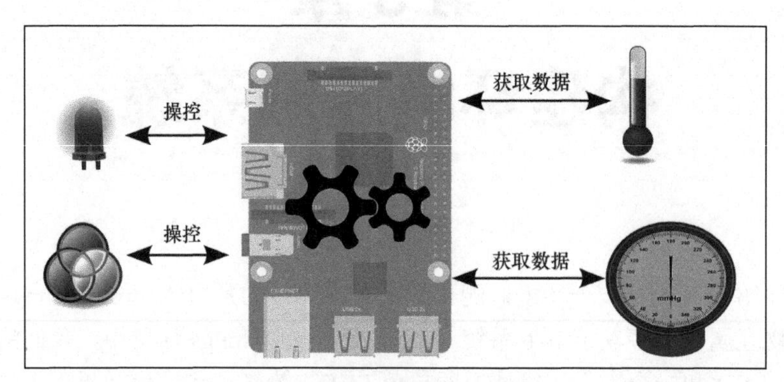

图 3-1　该项目的工作原理

该项目使用 RGB LED 来表示当前的压强大小。RGB LED 有 3 种不同的颜色。

- 黄色：表示天气不变。压强超过 1022 mbar[①]。
- 绿色：表示多云。压强介于 1000～1021 mbar。
- 蓝色：有可能下雨。压强低于 1000 mbar。

红色 LED 用来提醒用户温度已经低于预定义的阈值。

3.1.1　项目组件

要开发此项目，需要如下组件：

- Raspberry Pi 3 或 Intel Edison；
- BME280 或可替代 BMP280 的环境传感器；
- RGB LED（共阳极）；
- 红色 LED（或其他任意一个单色 LED）；
- 多个电阻（220Ω）。
- 多条跳线。

① 1mbar=0.001bar=100Pa。——编者注

BME280 是 Philips 公司开发的一款非常有趣的传感器。利用该传感器，可以测量要在这个项目中监控的所有参数。这款传感器成本非常低，而且具有良好的性能，非常适合这个项目，如图 3-2 所示。

图 3-2 BME280
（图片源自 Adafruit 网站）

也可以使用 BMP280 来代替 BME280。BMP280 与 BME280 非常相似，但前者无法用来测量环境湿度。BMP280 是一款与 BME280 极度相似的低成本传感器，如图 3-3 所示。

图 3-3 BMP280
（图片源自 Adafruit 网站）

当然，没必要局限于以上两种装置，我们也可以使用与 BMP280 类似的其他任何类型的传感器。

3.1.2　项目原理

相对于双状态传感器，I^2C 传感器与 Android Things 主板之间的连线更多。该类型传感器中的以下引脚需要格外关注。

- Vin：电源引脚。输入电压必须介于 3～5V。
- GND：接地引脚。
- SCK：时钟信号引脚，I^2C 传感器需要使用时钟信号。
- SDA：数据引脚。

I^2C 传感器还有一些引脚，但这里不使用它们，因为将使用 I^2C 总线来连接它们。

并非所有兼容 BMP280/BME280 的传感器都可以承受+ 5V 电压。一些兼容的外围设备（如在这个项目中使用的）仅支持+3V 电压。在项目中使用这些设备之前请仔细阅读相关规范。

I^2C 传感器与 Raspberry Pi 3 的连接如图 3-4 所示。

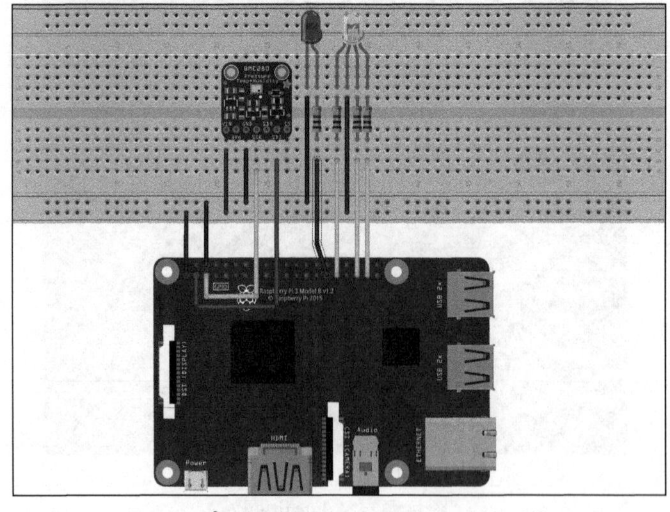

图 3-4　I^2C 传感器与 Raspberry Pi 3 的连接

I^2C 传感器与 Intel Edison 的连接如图 3-5 所示。

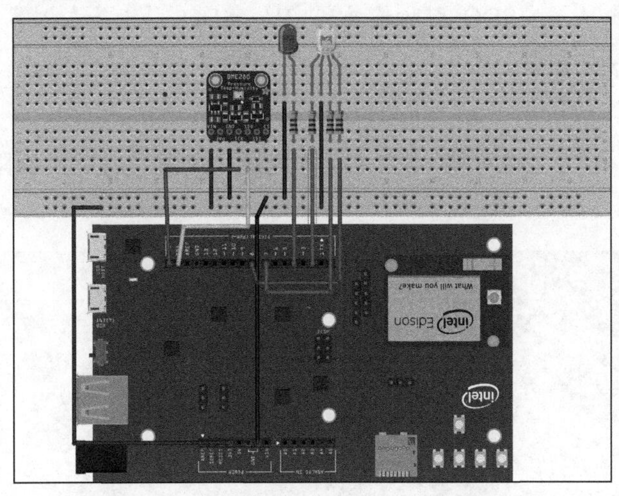

图 3-5 I^2C 传感器与 Intel Edison 的连接

在连接 BMP280/BME280 时，需要注意一个重要的地方，根据 BMP280 的数据手册，必须使用 SDO 引脚来选择唯一的设备地址。每个支持 I^2C 连接的外围设备都有自己的地址。这些地址的设置如下。

- 当 SDO 引脚连接到 Vcc 时，地址为 0x77。
- 当 SDO 引脚接地时，地址为 0x76。

SDO 引脚不能悬空，因为这样 I^2C 地址将不能确定。

图 3-6 展示了 BMP280 如何连接到 Android Things 主板。

图 3-6 BMP280 与 Android Things 主板的连接

SDO 引脚连接到+3V。SDO 引脚是左侧第一个引脚。

图 3-7 展示了 RGB LED 和红色 LED 的连接。注意，220Ω的电阻位于 LED 引脚和 Android Things 主板之间。

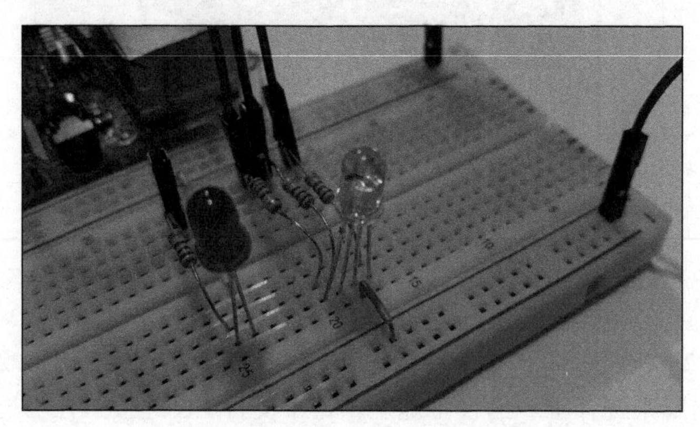

图 3-7　RGB LED 和红色 LED 的连接

在 RGB LED（共阳极）中，阳极引脚连接到+3V。

3.2　从传感器中读取数据

现在我们可以从 I^2C 传感器中获取数据了。通常，要使用 I^2C 外围设备，需要一个驱动程序。驱动程序是一组用于处理 Android Things 主板与外围设备之间的通信的类，这些类用来处理通过外围设备实现的特定协议。下一节将介绍如何实现这样一个底层协议。目前，可以使用已经预先构建的驱动程序。使用之前，必须将这个驱动程序对应的库导入项目中。Android Things 支持的所有驱动程序都可以在其官方仓库的 contrib-drivers 文件夹（参见 GitHub 网站）下找到。

具体步骤如下。

（1）通过复制项目模板创建一个新的 Android Things 项目。

（2）打开 build.gradle，添加依赖。

```
compile 'com.google.android.things.contrib:driver-bmx280:xx'
```

其中，xx 是驱动程序的版本号。现在已经可以在项目中使用 BMP280/BME280 传感器了。

（3）在 MainActivity.java 的 onCreate 方法中添加以下代码。

```
try
{
   Bmx280 sensor = new Bmx280(PIN_NAME);
   sensor.setTemperatureOversampling(Bmx280.OVERSAMPLING_1X);
   float val = sensor.readTemperature();
   Log.d(TAG, "Temp ["+val+"]");
}
catch(Throwable t)
{    t.printStackTrace();
}
```

在以上代码中，首先实例化了一个处理传感器交互细节的类。该类的构造函数以 SDA 引脚名称作为参数。引脚名如下。

- 对于 Raspberry Pi 3，命名为 I2C1。
- 对于 Intel Edison，命名为 I2C6。

其次，设置采样率。可以通过设置不同的值来控制传感器采集的样本数量。

最后，读取当前的温度。以同样的方式，也可以读取压强值。

```
sensor.setPressureOversampling(Bmx280.OVERSAMPLING_1X);
float press = sensor.readPressure();
```

运行 Android Things 应用程序，日志如下。

```
02-20 20:03:45.514 5629-5629/? D/MainActivity: onCreate... 02-20
20:03:45.542 5629-5629/?
D/MainActivity: Temp [23.140942] 02-20 20:03:45.545 5629-5629/?
D/MainActivity: Press [ 998.5605]
```

正常情况下，多次运行该应用程序，我们可能发现所读取的值略有不同。

3.3 使用 Android 传感器框架处理传感器

如果要读取某一个时刻的压强和温度，则可以继续使用 3.2 节描述的方法。在本章正在完成的项目中，应用程序需要连续不断地读取温度和压强并且将它们显示出来，因此需要使用另一种方法，这个方法与 Android 系统监控其传感器的策略相同。现代智能手机内置了多个传感器，要与它们交互，我们使用的是 Android SDK 提供的一些传感器框架。这里可以简单回顾一下传感器框架在 Android SDK 中的工作原理。以下一些重要元素的值得格外关注：

- SensorManager；
- Sensor；
- SensorEvent；
- SensorEventListener。

Android Things SDK 也有以上这些类，它们有助于开发人员轻松开发智能 Android Things 应用程序。下面简要说明一下这些重要的类。

- SensorManager 类是处理传感器的基石，可以用于注册/取消注册监听器并列出可用的传感器。
- Sensor 类是表示传感器及其功能的类。
- SensorEvent 类是表示传感器触发的事件的类。SensorEvent 实例包含以下参数：
  - 传感器信息；
  - 传感器读取的数据；
  - 准确性；
  - 时间戳。
- SensorEventListener 类是当传感器读取新值或更改精度时调用的回调类。

我们将在项目中使用以上类，使用它们处理传感器（BMP280/BME280），读取其值，并监听传感器的值发生变化时触发的事件。

一般来说，为了管理 Android 和 Android Things 中的传感器，要遵循以下步骤。

（1）获取 SensorManager 的实例。

（2）创建一个实现 SensorEventListener 的回调类。

（3）注册回调类来接收事件。

此外，本项目将使用另一个名为 SensorManager.DynamicSensorCallback 的类。这个类有助于在动态传感器连接或断开主板时接收通知。

在项目中实现 SensorManager.DynamicSensorCallback 类的步骤如下。

（1）打开 MainActivity.java，并删除或者注释掉获取 SensorManager 的实例的代码。

（2）添加以下内容。

```
sensorManager = (SensorManager) getSystemService(SENSOR_SERVICE);
```

这样，我们便可以从系统传感器管理器中获取 SensorManager 的实例。接下来，我们需要完成的是如何基于此类实现传感器回调类。

3.3.1 实现传感器回调类

如前所述，如果要在传感器读取的值发生改变（或准确度变化）时收到通知，则需要注册一个继承自 SensorEventListener 的监听器。在本项目中，需要监控两个不同的参数——Temperature 和 Pressure。因此，分别需要两个不同的监听器。每个传感器对应一个监听器。对于温度传感器，回调类的代码如下。

```
private class TemperatureCallback implements SensorEventListener {
    @Override
    public void onSensorChanged(SensorEvent sensorEvent) {
        float val = sensorEvent.values[0];
        Log.d(TAG, "Temp ["+val+"]");
    }
    @Override
    public void onAccuracyChanged(Sensor sensor, int i) {
        Log.d(TAG, "T. Accuracy ["+i+"]");
    }
}
```

对于压力传感器，回调类的代码如下。

```
private class PressureCallback implements SensorEventListener {
    @Override
    public void onSensorChanged(SensorEvent sensorEvent) {
```

```
            float val = sensorEvent.values[0];
            Log.d(TAG, "Press ["+val+"]");
        }
        @Override
        public void onAccuracyChanged(Sensor sensor, int i)
        { Log.d(TAG, "P. Accuracy ["+i+"]");
        }
    }
```

从以上代码可以看出，自定义回调类需要重写以下两个方法。

- onSensorChanged：当从传感器读取新值时回调。
- onAccuracyChanged：当准确度改变时回调。

此外，请注意，当值改变时，onSensorChanged 方法会以 SensorEvent 类的对象作为参数。这个对象表示包含了大量信息（识别触发事件和新值的传感器所需的所有信息）的事件。在处理来自传感器的新值的方法中，需要实现处理 RGB 颜色和红色 LED 状态（导通或截止）的逻辑。

3.3.2 处理动态传感器

实现了自定义回调类后，需要注册它们才能接收事件。然而，只有当 Android Things 应用程序获悉传感器已连接时才能这样做，否则无法注册监听器。这里使用 SensorManager、DynamicSensorCallback 来处理此通知事件。

在 MainActivity.java 中添加以下行。

```
private class BMX280Callback extends SensorManager.DynamicSensorCallback {
    @Override
    public void onDynamicSensorConnected(Sensor sensor) {
      int sensorType = sensor.getType();
      Log.d(TAG, "On Sensor connected...");
      if (sensorType == Sensor.TYPE_AMBIENT_TEMPERATURE) {
        Log.d(TAG, "Temp sensor..");
        tempCallback= new TemperatureCallback();
        sensorManager.registerListener(
        tempCallback, sensor,
        SensorManager.SENSOR_DELAY_NORMAL);
      }
      else if (sensorType == Sensor.TYPE_PRESSURE) {
      Log.d(TAG, "Pressur sensor.."); pressCallback = new
```

```
        PressureCallback(); sensorManager.registerListener(
        pressCallback, sensor,
        SensorManager.SENSOR_DELAY_NORMAL);
      }
    }
    @Override
    public void onDynamicSensorDisconnected(Sensor sensor) {
       super.onDynamicSensorDisconnected(sensor);
    }
}
```

BMX280Callback 类看起来复杂，但它只做了很简单的事情。

（1）重写 onDynamicSensorConnected 方法并实现自定义逻辑。

① 获取传感器类型。

② 根据传感器类型，注册传感器回调类。

（2）重写 onDynamicSensorDisconnected 方法。

此外，在 onDynamicSensorConnected 中，使用以下方法识别连接的传感器类型。

```
int sensorType = sensor.getType();
```

根据传感器类型（温度或压强）来注册相应的监听器。

```
sensorManager.registerListener(
    tempCallback, sensor,
    SensorManager.SENSOR_DELAY_NORMAL);
```

值得一提的是，在监听器中，设置了获取数据的速率，也就是调用传感器监听器中的 onSensorChanged 方法的频率。速率有以下 4 种可能的值。

- SENSOR_DELAY_NORMAL：延迟大约 200000μs。
- SENSOR_DELAY_UI：延迟 60000μs。
- SENSOR_DELAY_GAME：延迟 20000μs。
- SENSOR_DELAY_FASTEST：没有延迟。

根据 Android Things 应用规范和应用程序的使用场景，选择满足需求的速率。

通常，在获取此类应用程序的环境参数时，将速率设置为 SENSOR_DELAY_NORMAL，因为并不需要过快地采集数据。

3.4 集成获取数据的功能

现在，可以把功能集成在一起，并开始获取数据。目前，我们已经实现了以下两个功能。

- 两个传感器监听器监听新获取的值。
- 监听器可以监听传感器何时连接到主板。

为了融合以上两个功能，并使应用程序正常运行，打开 MainActivity.java，在 onCreate 方法中添加以下代码。

```
callback = new BMX280Callback();
sensorManager.registerDynamicSensorCallback(callback);
try {
  mySensorDriver =
  new Bmx280SensorDriver(BoardPins.getSDAPin());
  mySensorDriver.registerTemperatureSensor();
  mySensorDriver.registerPressureSensor();
}
catch(Throwable t) {
   t.printStackTrace();
}
```

其中，mySensorDriver 是 Bmx280SensorDriver 的一个实例，用于处理与 BMP280/BME280 通信的详细信息。注意，为了使应用程序独立于主板，我们没有直接使用 SDA 引脚标识功能，而使用了一个函数来根据主板检索引脚名称。

现在，可以运行 Android Things 应用程序并检查传感器如何获取环境参数。以下是应用程序输出的日志。

```
D/MainActivity: On Sensor connected... D/MainActivity: Temp sensor..
D/MainActivity: On Sensor connected... D/MainActivity: Pressure sensor..
D/MainActivity: T. Accuracy [3] D/MainActivity: Temp [22.924126]
D/MainActivity: P. Accuracy [3] D/MainActivity: Pres [998.5499]
```

注意，只有当传感器连接到主板时，应用程序才会在开始时收到通知。这个项目使用了双传感器。一个获取温度参数，另一个获取压强参数。因此，在应用程序的日志中，两次调用 onDynamicSensorConnected 方法。一旦配置了所有监听器，应用程序就开始记录当前温度和压强的值。

3.5 关闭与传感器的连接

当 Android Things 应用程序被销毁时，应当释放用于与传感器交换数据的所有连接并删除所有监听器以避免内存泄露。这里需要释放用于与传感器通信的 SDA 引脚，从而让其他应用程序可以继续使用它。

要正确地销毁应用程序，需要执行以下操作。

（1）取消注册用于监听值更改的传感器监听器。

（2）取消注册用来监听传感器何时连接到 Android Things 主板的传感器监听器。

（3）关闭与传感器的连接。

在应用程序的 onDestroy 方法中添加以下代码以实现以上操作。

```
@Override
protected void onDestroy() {
   super.onDestroy(); Log.d(TAG, "onDestroy");
   sensorManager.unregisterListener(tempCallback);
   sensorManager.unregisterListener(pressCallback);
   mySensorDriver.unregisterDynamicSensorCallback(callback);
   try {
      mySensorDriver.close();
   }
   catch ( IOException ioe) {}
}
```

目前。现在我们已经知道了如何在 Android Things 中使用 I^2C 传感器。下一节将讨论如何使用传感器读取的值实现自定义的逻辑。

3.6 控制 GPIO 引脚

既然我们已经知道了如何读取环境参数，现在就可以利用这些获取的值实现一些相关逻辑来控制其他外围设备。如前所述，在本项目中，Android Things 监控的应用程序需要根据温度和压强来控制以下两个设备。

- RGB LED：显示当前的压强所处的状态。
- 红色 LED：显示温度是否低于阈值。

为了能让应用程序正常工作，必须设置压强的阈值。为了简化开发过程，可以假设有两个阈值。

- LEVEL_1：值为 1022.9 mbar。
- LEVEL_2：值为 1009.14 mbar。

这里将实现的逻辑如下。

- 如果当前压强超过 LEVEL_1，则 RGB LED 将显示绿色和红色。
- 如果当前压强介于 LEVEL_1 和 LEVEL_2，则 RGB LED 将仅显示绿色。
- 如果当前压强低于 LEVEL_2，则 RGB LED 将仅显示蓝色。

因此，RGB LED 的颜色可用于表示如下天气情况。

- 如果压强高于 1022.9 mbar，那么天气将保持不变。
- 如果压强介于 1009.14 mbar 和 1022.9 mbar，那么天气将会是阴天。
- 如果压强低于 1009.14 mbar，表示天气将会下雨。

当然，这里判断的条件非常简单，只是一个模拟的天气预报，后面会介绍如何改进项目让它的数据更准确。

红色 LED 用于报警。当温度低于 0℃时，红色 LED 打开。

下面介绍如何实现这些功能。

初始化 GPIO 引脚

初始化应用程序用来控制 3 个 RGB LED 的颜色和红色 LED 的 GPIO 引脚。首先需要获取 PeripheralManagerService 的实例。

（1）打开 MainActivity.java，在 onCreate 方法中添加如下代码。

```
pManager = new PeripheralManagerService();
```

（2）将以下方法添加到此类中。

```
Private void initRGBPins() {
 try{
   redPin = pManager.openGpio(BoardPins.getRedPin());
   redPin.setDirection(Gpio.DIRECTION_OUT_INITIALLY_LOW);
   redPin.setActiveType(Gpio.ACTIVE_LOW); greenPin =
      pManager.openGpio(BoardPins.getGreenPin());
   greenPin.setDirection(
      Gpio.DIRECTION_OUT_INITIALLY_LOW);
   greenPin.setActiveType(Gpio.ACTIVE_LOW);
   bluePin = pManager.openGpio(
      BoardPins.getBluePin());
   bluePin.setDirection(
      Gpio.DIRECTION_OUT_INITIALLY_LOW);
   bluePin.setActiveType(Gpio.ACTIVE_LOW);
   redLedPin = pManager.openGpio(
   BoardPins.getRedLedPin());
   redLedPin.setDirection(Gpio.DIRECTION_OUT_INITIALLY_LOW);
   redLedPin.setActiveType(Gpio.ACTIVE_HIGH);
  }
   catch(IOException ioe) { ioe.printStackTrace();
  }
}
```

此方法按照以下步骤初始化引脚。

（1）打开与 LED 引脚的通信。

（2）设置引脚的类型。在以上代码中，应用程序会在写入模式下使用引脚。

（3）设置引脚参考值。

在前面的代码中有一个重要的地方需要注意。这个项目使用的 LED 是共阳极 RGB LED。对于这种 LED，当颜色引脚的电压为 0 或低电平时，才可以看到相应的颜色。也就是说，它的显示方式与预期相反。因此，对于蓝色 LED 的引脚，应用程序使用以下代码。

```
bluePin.setActiveType(Gpio.ACTIVE_LOW);
```

对所有 RGB LED 的引脚重复执行该操作。通过这种方式，应用程序可以将引脚设置为高电平或非零值并打开相应颜色的 LED。其他代码与预期相符。

（4）在 onCreate 方法中添加以下代码。

```
initRGBPins();
```

（5）实现真正的业务逻辑。当传感器获取新值时，应用程序需要更改 RGB LED 的颜色。因此，可以在传感器的监听器方法中实现该逻辑。要让压强可视化，需要修改 onSensorChanged 方法中压力传感器的监听器，添加以下代码。

```
int newWeather = -200;
  if (val >= LEVEL_1)
    newWeather = 1;
  else if (val >= LEVEL_2 && val <= LEVEL_1)
    newWeather = 0;
  else
    newWeather = -1;
  if (newWeather != currentWeather) {
    currentWeather = newWeather;
    // Set the RGB color
  switch (newWeather) {
    case 1:
      setRGBPins(true, true, false); break;
    case 0:
      setRGBPins(false, true, false); break;
    case -1:
      setRGBPins(false, false, true); break;
  }
}
```

（6）为避免应用程序在传感器每次读取新值时都设置 RGB 颜色，可以通过检查新值是否可以修改 RGB LED 颜色来降低这个频率。当新值指示 RGB LED 必须改变颜色时，才调用 setRGBPins 来改变颜色。该方法的定义如下。此方法用来控制 3 个 RGB LED 的引脚。

```
Private void setRGBPins(boolean red, boolean green,
boolean blue) {
    try {
    Log.d(TAG, "Change RGB led color. Red ["+red+"] -
      Green ["+green+"] - Blue ["+blue+"]");
    redPin.setValue(red); greenPin.setValue(green);
    bluePin.setValue(blue);
   }
   catch (IOException ioe) { ioe.printStackTrace();
  }
}
```

（7）实现红色 LED 的逻辑。红色 LED 需要在温度低于 0℃时打开。当然，也可以设置不同的阈值。像对压力传感器做的那样，需要添加自定义逻辑来处理红色 LED 状态，从而修改温度传感器的监听器。查找 TemperatureCallback 类，并在 onSensorChanged 方法中添加以下代码。

```
boolean turnOn = false;
  if (val<= 0)
    turnOn = true;
  else
    turnOn = false;
  if (currentState != turnOn) {
    Log.d(TAG, "Change RED led color. New state ["+turnOn+"]");
    try {
        redLedPin.setValue(turnOn);
        currentState = turnOn;
    }
    catch(IOException ioe) { ioe.printStackTrace();}
  }
}
```

代码很简单，不需要添加任何其他注释。

下面测试应用程序。可以插入 Android Things 主板并从 Android Studio 运行该应用程序。安装过程完成后，应用程序将会立即输出如下日志。

```
DYNS native SensorManager.getDynamicSensorList return 2 sensors On Sensor
connected... Temp sensor.. On Sensor connected... Pressure sensor.. T.
Accuracy [3] Temp [22.298887] P. Accuracy [3] Change RGB led color. Red
[false] - Green [false] - Blue [true] Current weather [-1] - Pres
[992.4486] Temp [22.314014] Temp [22.339224] Current weather [-1] - Pres
[992.4085] Current weather [-1] - Pres [992.44604] Temp [22.374521] Current
weather [-1] - Pres [992.48584]
```

3.7 I²C 协议

到目前为止，我们已经使用了 I²C 传感器，并且已经实现了一个可运行的完整项目，但我们还没有深入了解 I²C 协议和传感器使用的协议。Android Things 的强大功能之一：它抽象了协议细节，在不了解详细原理的情况下我们依然可以使用 I²C 传感器开发一个 Android 应用程序。引入第三方库使这些功能变得触手可及。在这个项目的开头，我们已经在 build.gradle 中导入了管理 BMP280/BME280 传感器的库。

```
compile 'com.google.android.things.contrib:driver-bmx280:xx'
```

只要我们使用的外围设备有处理它们的库，就不必担心协议细节。如果使用不直接支持的外围设备或没有库，就必须实现特定的外围设备协议。在这种情况下，我们有必要了解 I^2C 协议的工作原理。

I^2C 协议概述

I^2C 表示内部集成电路（Inter Integrated Circuit）。I^2C 协议是一种使用两根线的串行通信协议。I^2C 协议用于在集成电路之间交换数据，它由飞利浦在 20 世纪 80 年代开发。多年来，I^2C 协议已多次更新，并且有不同的派生版本。其中最著名的是 Intel 公司开发的 SMBUS，所有这些协议/总线都非常相似。I^2C 协议能够广泛采用的原因在于它使用起来非常简单。它可用于连接低速设备，如转换器、传感器等。然而，该协议的主要缺点之一是速度缓慢。

I^2C 协议使用以下两条线：

- SCL，即时钟线；
- SDA，即数据线。

另外，这种类型的总线使用两个不同的节点。

- 生成时钟信号的主节点。
- 使用时钟信号同步其工作的从节点。

在不深入分析具体细节的情况下，最常见的配置是主设备搭配一个或多个连接的从设备，就像一些架构中有多台主设备和几台从设备。在此项目中实现了图 3-8 所示的典型配置。

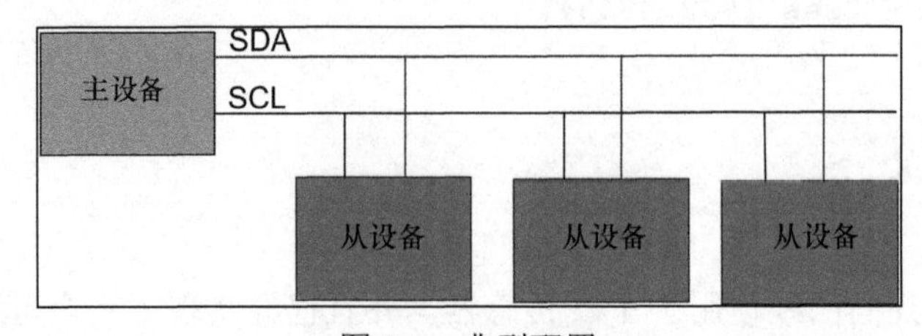

图 3-8 典型配置

为简单起见，图 3-8 中省略了接地极和 Vcc。

通过图 3-8，我们可以了解用于将传感器连接到 Android Things 主板的原理。在环境监测项目中，主设备是生成时钟信号的 Android Things 主板，而使用时钟信号的从设备是传感器。SDA 是用来与传感器交换数据的线。

每个从设备都有一个唯一的地址（用于识别它）。为了了解主设备和从设备之间的数据流，需要注意，通信由主设备启动，并以以下方式继续执行。

（1）主设备生成一个启动条件，通知所有从设备将要启动传输。

（2）主设备向从设备发送一个带读（R）或写（W）标志的唯一地址。

（3）从设备的所有 ID 等于主设备发送的地址，从设备以 ACK 信号响应主设备。

（4）主设备和从设备开始交换数据。

（5）在传输结束时，当读取或写入所有字节时，主设备发送停止（P）信号。

当主设备和从设备之间的通信结束时，总线将空闲，而其他从设备和主设备可以使用它来传输其他数据。图 3-9 展示了主设备和从设备之间交换数据的格式。

图 3-9 主设备和从设备之间交换数据的格式

使用此数据包，可以实现与传感器通信的自定义库。3.8 节将介绍如何使用 Android Things SDK 来实现此操作。

3.8 实现自定义传感器驱动程序

既然我们已经知道 I^2C 协议的基本原理，就可以基于此开发自定义驱动程序。Android Things 的一个强大功能是能够添加开发特定驱动程序的新外围设备。也就是说，可以扩展包括新传感器的传感器框架。在这种方式中，Android Things 在使用内置传感器和新传感器之间没有任何区别，可以像处理内置传感器一样处理新传感器。需要注意的是，处理传感器的驱动程序依赖构建在 I^2C 总线之上的传感器协议。

要在 Android Things 中实现新的传感器驱动程序，按以下步骤操作。

（1）实现扩展 UserSensorDriver 类。

（2）描述传感器的规格和功能。

（3）注册传感器驱动程序。

为了更好地理解这些类的使用方式及其作用，可以先分析 BMP280/BME280 传感器驱动程序的实现方式，这有助于更好地了解用户传感器的工作原理。

为此，可以复制包含 Android Things 支持的官方驱动程序的存储库。

（1）打开 GitHub 网站，找到 Android Things 支持的官方驱动程序 contrib-drivers。

（2）打开图 3-10 所示的页面。

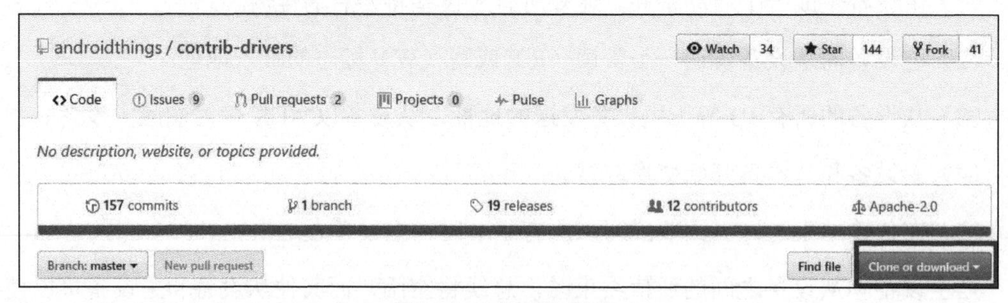

图 3-10 打开的界面

（3）单击 Clone or download 按钮，在本地复制这个存储库。

（4）打开 bmx280 文件夹，找到 Bmx280.java 和 BmxSensorDriver.java 两个类（这两个类分别用于管理 BMP280/BME280）。打开 Bmx280SensorDriver.java，你会发现这个类有 PressureUserDriver 和 TemperatureUserDriver 两个内部类。

这两个内部类都继承自 UserSensorDriver，用于处理传感器。在这里，应该会有两个驱动程序，因为要测量两个属性。此外，两个类都根据源自制造商数据手册的传感器规范定义用户传感器属性。以下代码是温度驱动器的传感器定义。

```
mUserSensor = UserSensor.builder()
.setType(Sensor.TYPE_AMBIENT_TEMPERATURE)
.setName(DRIVER_NAME)
.setVendor(DRIVER_VENDOR)
.setVersion(DRIVER_VERSION)
.setMaxRange(DRIVER_MAX_RANGE)
.setResolution(DRIVER_RESOLUTION)
.setPower(DRIVER_POWER)
.setMinDelay(DRIVER_MIN_DELAY_US)
.setRequiredPermission(DRIVER_REQUIRED_PERMISSION)
.setMaxDelay(DRIVER_MAX_DELAY_US)
.setUuid(UUID.randomUUID())
.setDriver(this)
.build();
```

注意描述传感器必需的几个参数。重要的是，在 build( )方法之前，必须将传感器驱动程序附加到传感器（setDriver( )方法）上。

目前，我们已经可以使用 BMP280 来读取温度和压强。另外，我们已经知道它也可以读取湿度。如果要扩展此驱动程序来添加此新功能，该怎么办？需要定义另一个继承自 UserSensorDriver 的类来处理湿度属性。因此，需要复制 TemperatureUserDriver 的内容并在 HumidityUserDriver 中更改类名，并像之前一样更改传感器的定义。

需要注意的是，协议的详细过程不是在用户驱动程序类中处理的，而是在另一个名为 Bmx280.java 的类中处理的。该类将与传感器直接通信，我们有必要了解该类的工作原理。

低层传感器驱动器

Bmx280.java 是一个非常复杂的类，如果要实现读取湿度的新功能，则必须修改它。此外，还需要制造商的数据手册以了解如何与传感器交换数据。

要打开与外部传感器的连接，需要 PeripheralManagerService 类的一个实例。

```
PeripheralManagerService pioService = new PeripheralManagerService();
```

该类使用以下方法打开连接。

```
I2cDevice device = pioService.openI2cDevice(bus, I2C_ADDRESS);
```

- 这里的 bus 是用于将传感器连接到 Android Things 主板的 SDA 引脚。
- I2C_ADDRESS 是传感器的唯一 ID。因为使用的协议是 I^2C 协议，所以每个传感器都会有自己的唯一地址。

前面显示的代码行有一个有趣的地方，即使用 PeripheralManagerService 不但可以打开 GPIO 连接，而且可以打开 I^2C 总线连接。这里得到一个 I2cDevice 实例，它代表可以读写数据的通信总线。

一般来说，I^2C 传感器会有一组注册表，可以用来读数据和写数据。

可以写入数据的注册表对设置传感器行为非常有用。稍后将使用注册表来激活新的传感器功能。此外，要记住每个注册表的长度表示为位数，我们必须知道注册表长度来确定必须读取或写入多少位。传感器数据手册描述了注册表及其长度。

现在，查找 connect 方法。此方法的第一行用来读取传感器类型。

```
mChipId = mDevice.readRegByte(BMP280_REG_ID); // 0xD0
```

根据传感器规范，保存芯片信息的注册表是 0xD0。此注册表是 8 位，也就是 1 字节。基于此，该应用程序使用 readRegByte 方法。之后，驱动程序会读取包含温度和压强校准参数的注册表，这些参数可用于校准传感器读取的温度和压强值。要为此驱动程序添加湿度功能，还必须读取湿度校准参数。表 3-1 显示了注册表具体地址及其长度。

表 3-1 注册表具体地址及其长度

注册表地址	注册表内容	数据类型
0xA1	dig_H1 [7:0]	unsigned char
0xE1 / 0xE2	dig_H2 [7:0] / [15:8]	signed short
0xE3	dig_H3 [7:0]	unsigned char
0xE4 / 0xE5[3:0]	dig_H4 [11:4] / [3:0]	signed short
0xE5[7:4] / 0xE6	dig_H5 [3:0] / [11:4]	signed short
0xE7	dig_H6	signed char

表 3-1 摘自传感器数据手册。如果你想要知道关于注册表的更多数据，则可以添加如下几行代码来获取它们的值。查找 connect( )方法并添加以下代码。

```
int dig_H1 = ((byte)device.readRegByte(0xA1) & 0xFF);
byte[] buffer = new byte[7];
mDevice.readRegBuffer (0xE1, buffer, 7);
int dig_H2 = (buffer[0] & 0xFF) + (buffer[1] * 256); // 0xE1/0xE2
int dig_H3 = buffer[2] & 0xFF ;  // 0xE3
// 0xE4/ 0xE5[3:0]
int dig_H4 = ((buffer[3] & 0xFF) * 16) + (buffer[4] & 0xF);
// 0xE5[7:4]/ 0xE6
int dig_H5 = ((buffer[4] & 0xFF) / 16) + ((buffer[5] & 0xFF) * 16);
int dig_H6 = buffer[6] & 0xFF;   // 0xE7
```

执行完上述操作之后，我们便知道如何读取湿度校准参数了，这些参数有助于读取具体的湿度值。在使用传感器之前，还需要另外执行一个重要的步骤——启用湿度传感器。默认情况下会禁用湿度传感器。

要启用湿度传感器，必须在设置过采样（oversampling）值的位置（0xF2）处写入注册表。这可以通过设置温度过采样值的一个方法来实现。查找 setTemperatureOversampling 并添加以下代码。

```
// Enable Humidity sensor mDevice.writeRegByte(0xF2, (byte) 0x1);
```

将方法变为以下形式。

```
public void setTemperatureOversampling(
    @Oversampling int oversampling) throws IOException {
       if (mDevice == null) {
         throw new
         IllegalStateException("I2C device not open");
       }
       // Enable Humidity sensor mDevice.writeRegByte(0xF2, (byte) 0x1);
       int regCtrl = mDevice.readRegByte(BMP280_REG_CTRL) & 0xff;
       if (oversampling == OVERSAMPLING_SKIPPED) {
          regCtrl &= ~BMP280_OVERSAMPLING_TEMPERATURE_MASK;
       }
       else {
          regCtrl |= 1 << BMP280_OVERSAMPLING_TEMPERATURE_BITSHIFT;
       }
       mDevice.writeRegByte(BMP280_REG_CTRL, (byte) (regCtrl));
       mTemperatureOversampling = oversampling;
    }
```

现在接调用传感器就可以运行、测试该应用程序了。运行结果如下。

```
Driver: Connecting...
Driver: Sensor type [96]
Driver: ---- Humidity
calibration parameters ----
Driver: H1 [75] - H2 [365]
Driver: H3 [0] - H4 [311]
Driver: H5 [0] - H6 [30]
Driver: Humidity enabled [1]
```

有一些值得注意的地方。

- 传感器类型为 96（0x60）。该值意味着使用的是 BME280 类。
- 校准参数全部可用。
- 启用了湿度数据采集功能，Humidity enabled 的值为 1。

现在可以读取湿度值。根据传感器数据手册，传感器将此值存储在从 0xFD 到 0xFE 的注册表中。因此，必须读取 16 位或 2 字节。将以下方法添加到 Bmx280 类中。

```
public long readHumidity() throws IOException {
  byte[] dataBuffer = new byte[2];
  mDevice.readRegBuffer(0xFD, dataBuffer, 2);
  long value = (dataBuffer[0] & 0xFF) * 256 + (dataBuffer[1] & 0xFF);
  return value;
}
```

此方法会返回传感器读取的值。这可能会是一个很长的值，但它不代表真正的湿度，可以使用之前检索的补偿参数对其进行转换。在同一个类中添加如下方法。

```
public double readCompansatedHumidity() throws IOException {
  long adH = readHumidity();
  float temp = readTemperature();
  double var_H = temp - 76800.0;
  var_H = (adH - (dig_H4 * 64.0 + dig_H5 / 16384.0 * var_H)) *
     (dig_H2 / 65536.0 * (1.0 + dig_H6 / 67108864.0 * var_H *
     (1.0 + dig_H3 / 67108864.0 * var_H)));
  double humidity = var_H * (1.0 -dig_H1 * var_H / 524288.0);
  return var_H;
}
```

该补偿公式在传感器数据手册中也描述过。现在可以使用这个简单的测试类读取湿度了。

```
try {
  androidthings.project.weather.Bmx280 sensor = new
     androidthings.project.weather.Bmx280(BoardPins.getSDAPin());
  sensor.setTemperatureOversampling(
     androidthings.project.weather.Bmx280.OVERSAMPLING_1X);
  sensor.setPressureOversampling(
    androidthings.project.weather.Bmx280.OVERSAMPLING_1X);
  long adH = sensor.readHumidity();
  double hum = sensor.readCompansatedHumidity();
  Log.d("App", "ADH ["+adH+"]");
  Log.d("App", "Hum ["+hum+"]");
}
  catch(IOException ioe) { ioe.printStackTrace();
}
```

最后，运行应用程序，得到如下结果。

```
Driver: Connecting...
Driver: Sensor type [96]
```

```
Driver: ---- Humidity
calibration parameters ----
Driver: H1 [75] - H2 [365]
Driver: H3 [0] - H4 [311]
Driver: H5 [0] - H6 [30]
Driver: Humidity enabled [1]
App: ADH [32768]
App: Hum [69.1864670499461]
```

至此，我们已经掌握 I^2C 传感器了。

3.9 本章小结

在本章的最后，我们学习了如何使用 I^2C 传感器及如何将它们连接到 Android Things 主板。此外，我们实现了一个完整的 Android Things IoT 应用程序来监控环境参数。我们已经学会了如何使用从传感器检索的信息来控制 GPIO 引脚，我们之后也可以添加新功能来扩展此项目，例如，通过观察压强是升高还是降低来获得更详细的天气预报。使用此环境监控系统，我们掌握了实现自定义驱动程序的知识，以此方式，可以无限制地使用带多个 I^2C 传感器的 Android Things 主板。

第 4 章将介绍 IoT 生态系统的一个重要元素——IoT 云平台。我们将学习如何使用 IoT 平台及如何将它们与 Android Things 集成并将数据流传输到云。

第 4 章 集成 Android Things 与 IoT 云平台

本章将介绍如何集成 Android Things 与 IoT 云平台。这是开发 IoT 应用程序的一个重要方面。需要从 Android Things 主板获取的数据必须传输到云端的场景不多，因此本章会涵盖 Android Things 主板与 IoT 云平台交互的所有信息。

本章内容如下：

- 实现 IoT 云架构；
- 配置 IoT 云平台；
- 将 Android Things 应用程序连接到 IoT 云平台；
- 将实时数据流式传输到云并创建仪表板。

在本章中，我们将会用 Android 知识来处理与 HTTP 的通信。

4.1　IoT 云平台与 IoT 云架构

目前，我们已经学习了如何开发运行一款单机运行的 Android Things 应用程序。也就是说，我们之前构建的 Android Things 应用程序还不能与外部系统或平台通信。通过传感器获取的数据仅在本地管理。实际开发中还有一些其他场景，例如，Android Things 应用程序可以将获取的数据发送到云端，云平台可以分析这些信息并与提供这些服务的其他类型数据集成。在这种场景下，IoT 平台发挥着重要作用。在深入了解 IoT 云架构具体细节并着手实现这些功能之前，我们需要说明 IoT 云平台的真正含义。

4.1.1 IoT 云平台概述

如今，IoT 云平台已成为 IoT 生态系统的重要组成部分。使用这些平台技术，可以扩展服务并发挥 Android Things 主板的各种强大功能。通过 IoT 云平台，可以将获取的数据与其他信息源集成，并基于此衍生出新的功能。即使 Android Things 主板已经非常强大，它也无法提供需要大量计算能力的服务，将获取的信息传输到 IoT 云平台，同时将一些业务逻辑从 Android Things 抽离到云端。一旦数据在 IoT 云层可用，这些平台就可以进行复杂的分析，然后远程与 Android Things 主板交互。在本书中，可以将思维延伸至与机器学习、人工智能（Artificial Intelligence，AI）和大数据分析的相关技术，Android Things 主板可能没有这些技术所需的计算能力，但通过这些技术开发的一些服务一定或多或少需要 Android Things 获取和管理的数据。

IoT 云平台可以提供哪些具体的服务？其实，每个 IoT 云平台都有其独特的功能。一般来说，这些服务可以分为以下几类：

- 连接服务；
- 数据存储服务；
- 事件处理服务；
- 设备管理服务；
- 数据可视化；
- 服务集成。

当开发 Android Things 应用程序时，这些服务都非常有用。几乎所有 IoT 平台会提供连接服务，因为其他服务的核心是 IoT 云平台和远程主板之间的连接与数据传输。为了简化连接开发过程，它们支持不同的协议。常见的协议有以下几种：

- Rest API 和 HTTP；
- MQTT；
- CoAP。

这些协议通常会提供一组调用接口，可以由远程 IoT 主板调用来连接并交换数据。此外，为了使连接过程更加方便、简单，这些协议也会为不同的主板提供一组相应的 SDK。

数据存储服务是 IoT 云平台存储数据的服务。当我们想要将获得的数据存储在 Android Things 主板外部时，这些服务很有用。这些存储信息可以作为其他服务的基础。

几乎所有 IoT 平台会提供连接服务和数据存储服务，而事件处理则是一种相对复杂的服务，它相当于一个基于规则的处理引擎。这个引擎使用存储的数据和事件来触发可能对 IoT 主板产生影响的操作。举一个简单的例子，在温度监控系统中，当一个值超出预定范围时，该系统通常会报警。另外，当土壤湿度低于阈值时，系统向 IoT 主板发送消息来打开水泵。通常，在实际应用中，这些事件和操作都是通过 Web 界面配置的。

设备管理服务负责管理连接到平台的所有 IoT 设备。可以在平台上远程更新已有设备的固件，更改配置参数等。也就是说，设备管理服务可以作为远程设备的集中管理控制台。

许多 IoT 云平台会提供数据可视化服务，其功能是创建仪表板以图形方式使用图表显示获取的数据。

集成服务主要用于集成一些外部服务并根据预先配置的事件触发它们。可以扩展诸如发送电子邮件、发送 Twitter 消息、调用远程服务等外部服务，本章后面将介绍如何实现相应功能。

目前，市场上已经有很多 IoT 平台。它们会提供上述一种或多种服务，每个平台也有自己的特色服务。可以根据需求和场景选择合适的平台，使用对应的服务来扩展 Android Things 应用程序的功能。以下是一些可选的 IoT 云平台：

- Google IoT cloud；
- Microsoft Azure IoT；
- Amazon AWS IoT；
- Samsung Artik Cloud；
- Temboo；
- Ubidots。

4.1.2　IoT 云架构概述

现在我们已经大致了解了 IoT 云平台提供的一些服务，可以开始定义 IoT 云服务架构以及 Android Things 和 IoT 云平台各自所扮演的角色。图 4-1 展示了一种可能的 IoT 云架构。

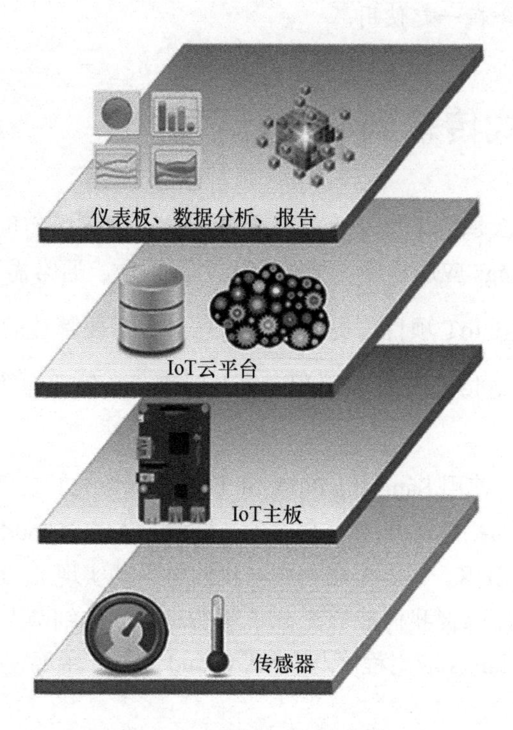

图 4-1 可能的 IoT 云架构

图 4-1 展示了组件各自的作用及它们的位置。

- 由下向上，第 1 层是传感器。这一层用于获取数据。
- 第 2 层是 IoT 主板，在本书中，这里指的是 Raspberry Pi 3 或 Intel Edison。此外，还有其他与 Android Things 系统不兼容的 IoT 主板，它们也可以将数据发送到云端。
- 第 3 层是 IoT 云平台，其中包含之前描述的一些服务。IoT 云平台通过 IoT 主板收集来自传感器的数据，并将其存储在某个地方。此外，IoT 云平台可以应用一个或多个服务来分析这些数据，对其进行转换，并将这些数据与其他来源集成。同时，IoT 云平台可以使用此类信息来驱动复杂的引擎（AI、机器学习和预测分析等）。
- 第 4 层表示向最终用户公开的高级服务。例如，它可以是用于可视化信息或复杂服务结果的仪表板。

某些情况下，第 3 层和第 4 层的一些服务可以混合在一起使用。

4.2 将数据流式传输到 IoT 云平台

一旦我们了解了什么是 IoT 云平台及其参考架构，就可以实现一个将实时数据流式传输到云端的 Android Things 应用程序。要使用 IoT 云平台，通常需要遵循以下步骤。

（1）在云平台上配置 IoT 项目，提供所有信息，包括要管理的数据类型。

（2）在客户端（Android Things 应用程序）上创建一个处理连接并发送数据的 IoT 平台客户端。

在这个 IoT 项目中，使用 Samsung 的 Artik Cloud 作为 IoT 云平台。Artik Cloud 是一个专业的云平台，提供前面描述的几乎所有服务。此外，Artik Cloud 也易于使用，提供了多个简化数据交换过程的 SDK。在这个项目中，我们将手动实现 Android Things 主板和 Artik Cloud 之间的数据交互，以使我们能够充分了解所有步骤的细节及如何在 Android Things 中实现。要将 Android Things 应用程序与 Artik Cloud 集成，主要使用 Artik Cloud 自身提供的 Rest API。

4.2.1 配置 Artik Cloud

为了在 Artik Cloud 上配置 IoT 项目，首先访问 Artik Cloud 官网并创建一个免费账户。该配置过程的目的是创建一个表示将使用的数据模型的 Manifest 文件。

Artik Cloud 的 Manifest 文件与 Android Things 的 Manifest.xml 无关。它们是两个完全不同的文件。

要在 Artik Cloud 中配置 IoT 项目，需要遵循以下步骤。

（1）访问 Artik Cloud 开发者页面。

（2）单击 Device Type 按钮，设置设备类型。设备类型是设备的一种抽象表示。每种设备类型都与 Manifest 配置相关。

（3）单击New Device Type按钮，在弹出的New Device Type界面中，填写一个喜欢的名称并设置UNIQUE NAME，单击CREATE DEVICE TYPE按钮，如图4-2所示，配置设备类型。

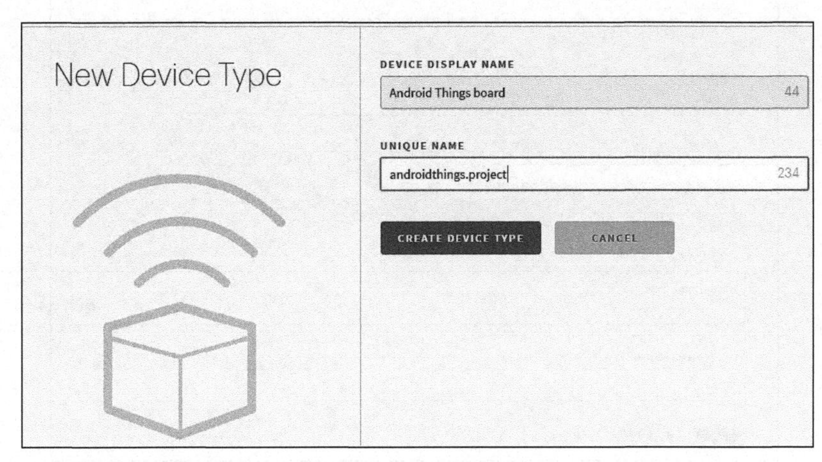

图4-2 配置设备类型

（4）单击NEW MANIFEST按钮创建Manifest，如图4-3所示。

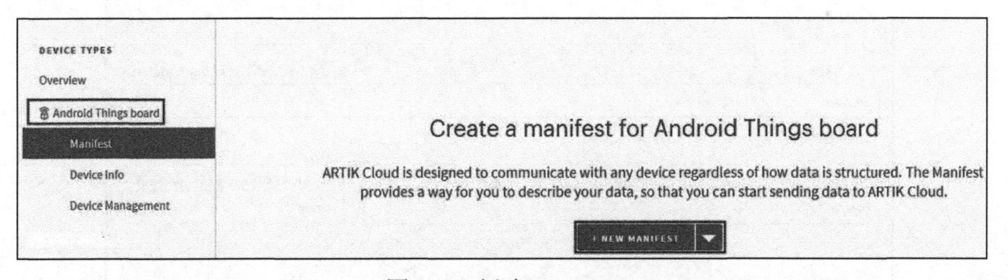

图4-3 创建Manifest

（5）Artik Cloud支持多个平台并且具有数据无关性。也就是说，客户可以向Artik Cloud发送任意不同的数据结构，云平台会使用Manifest来解释这些数据。也就是说，当配置的Manifest文件时，我们告知Artik Cloud应用程序将发送的数据，以便它可以检索Android Things应用程序发送的值。在这个项目中，要使用两个参数。Temperature和Pressure是应用程序从传感器获取的环境变量。因此，必须在Manifest中配置这两个变量。首先，配置Temperature变量，如图4-4所示。配置新变量需要填写一些必填字段，其中名称最重要，用来引用此变量。

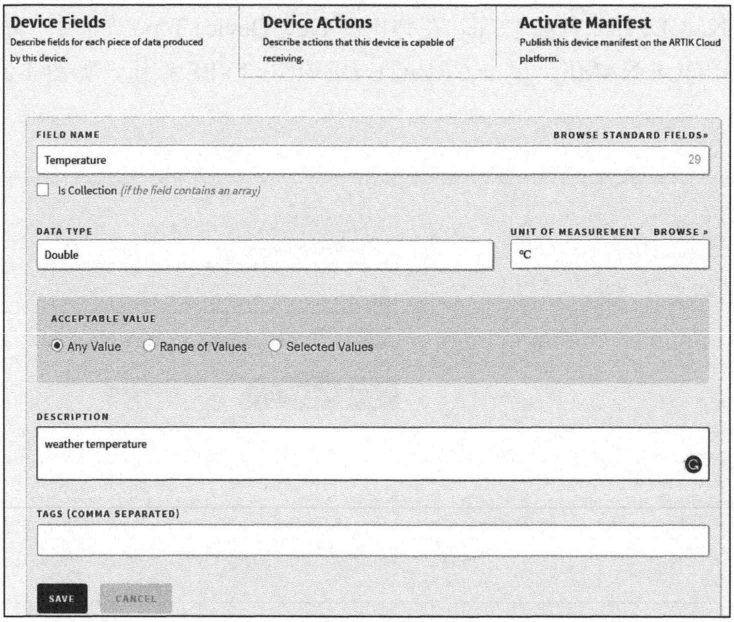

Device Fields
Describe fields for each piece of data produced by this device.
Device Actions
Describe actions that this device is capable of receiving.
Activate Manifest
Publish this device manifest on the ARTIK Cloud platform.

FIELD NAME
BROWSE STANDARD FIELDS»
Temperature
29
Is Collection *(if the field contains an array)*
DATA TYPE
Double
UNIT OF MEASUREMENT　BROWSE »
℃
ACCEPTABLE VALUE
Any Value　Range of Values　Selected Values
DESCRIPTION
weather temperature
TAGS (COMMA SEPARATED)
SAVE　CANCEL

图 4-4　配置 Temperature 变量

（6）配置 Pressure 变量，如图 4-5 所示。

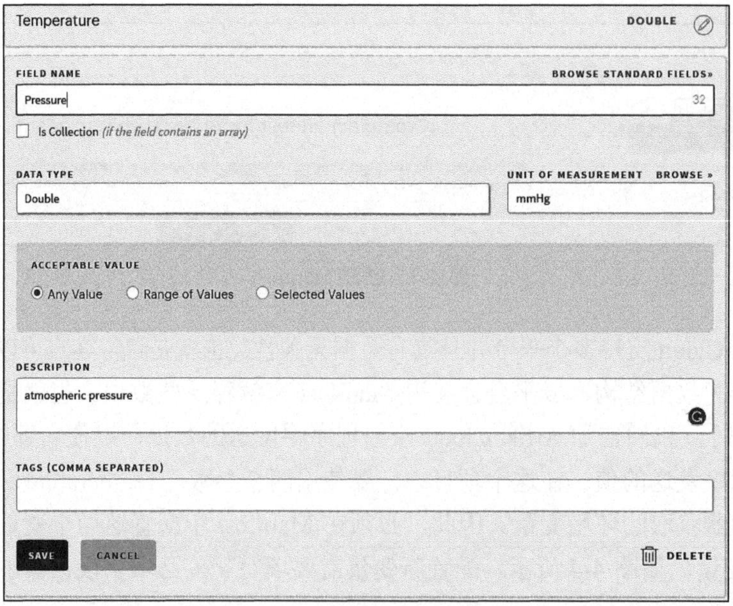

Temperature
DOUBLE
FIELD NAME
BROWSE STANDARD FIELDS»
Pressure
32
Is Collection *(if the field contains an array)*
DATA TYPE
Double
UNIT OF MEASUREMENT　BROWSE »
mmHg
ACCEPTABLE VALUE
Any Value　Range of Values　Selected Values
DESCRIPTION
atmospheric pressure
TAGS (COMMA SEPARATED)
SAVE　CANCEL　DELETE

图 4-5　配置 Pressure 变量

（7）单击 ACTIVATE MANIFEST 按钮（见图 4-6），激活配置清单。

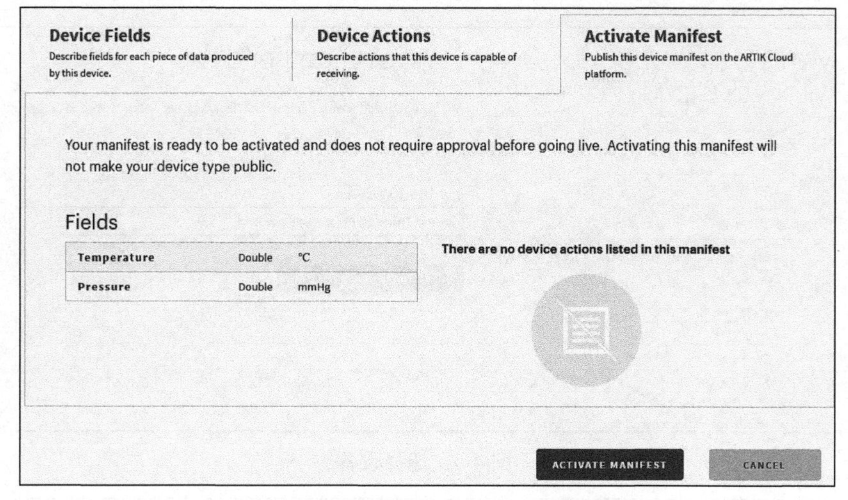

图 4-6　激活配置清单

（8）单击界面顶部的 My Artik Cloud 按钮，进入 Artik 云平台。

（9）要创建一个新设备，单击 Devices（见图 4-7），设备表示之前创建的设备类型的新的实例。

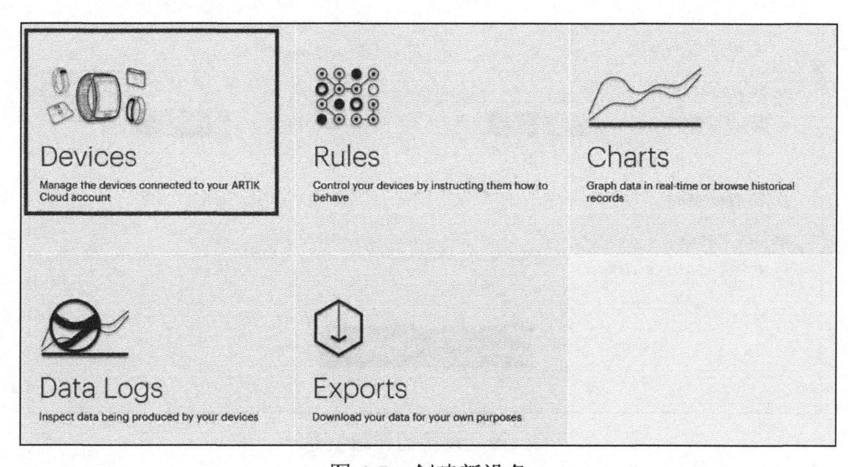

图 4-7　创建新设备

（10）在云平台中配置代表 Android Things 主板的设备。在第一个字段中，选择 Android Things board（见图 4-8）。在第二个字段中，选择 Android Things board - Monitoring system。

（11）创建设备之后，查看设备详细信息。通过这种方式，可以查看用于验证设备的所有信息，依据这些信息可以将数据发送到 Artik Cloud。之后，我们也将在开发 Android Things 客户端时使用这些信息。图 4-9 显示了设备的详细信息。

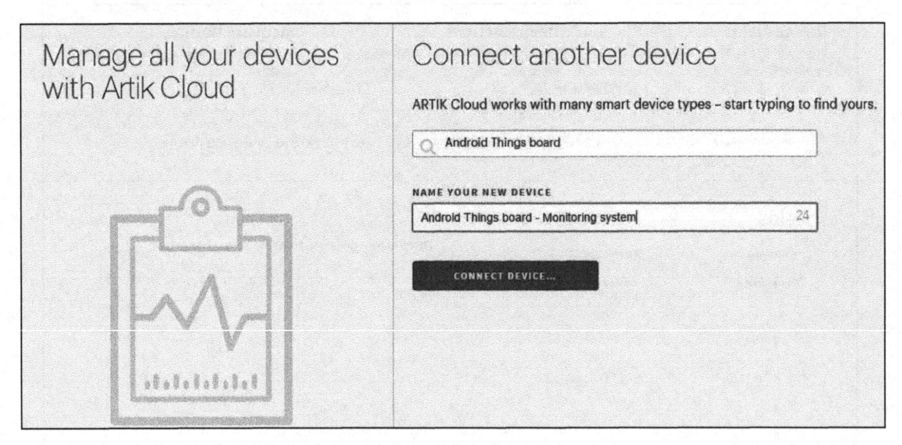

图 4-8　选择设备

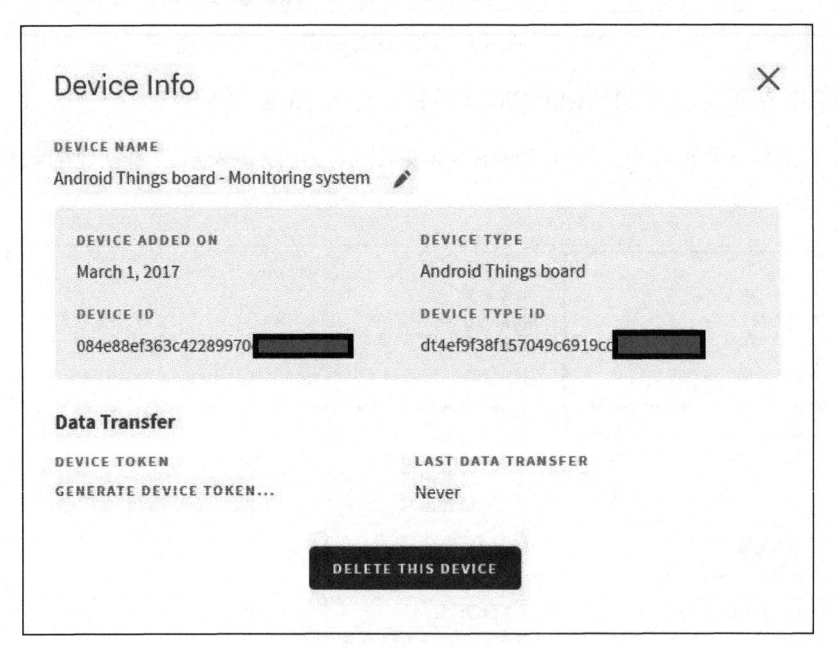

图 4-9　设备的详细信息

这样，我们已经在 Artik Cloud 中配置了一个 IoT 项目，可以从 Android Things 应用程序发送数据了。

4.2.2　Artik 客户端描述

在 Artik Cloud 上配置完 IoT 项目后，我们就可以思考如何将客户端连接到 Artik。如前所述，该项目的目的是将环境参数发送到云端，然后记录数据并创建图表。为此，需要修改我们在前一章中开发的 Android Things 应用程序，并且需要添加云平台的相关功能。在修改 Android Things 应用程序之前，有必要了解客户端连接到 Artik Cloud 所需要遵循的步骤。

（1）连接到 Artik Cloud 并处理 HTTP 连接。

（2）验证设备。

（3）调用 Artik Cloud Rest API 发送数据。

根据 Artik Cloud 文档，可以从 Artik 云端的 API 中调用发送的数据。也就是说，必须调用此 API 才能传递以下信息。

- 验证 Android Things 客户端所需的信息。
- 用于保存数据（从传感器获取的值）和其他信息的消息。

为了验证客户端，HTTP 请求头必须包含参数“Authorization: Bearer device_token”。

要获取 device_token，需要使用 Artik Cloud Web 界面。

（1）切换到 Artik Cloud 平台。

（2）单击 Devices 按钮，并单击 Android Things board - Monitoring system。

（3）在弹出的窗口中，单击 GENERATE DEVICE TOKEN 按钮。

此外，客户端发送到 Artik 云平台的消息必须具有特定的结构。在 Artik Cloud Web 页面中，可以获得发送的数据结构的示例。

（1）打开 Artik 中的云开发者控制台。

（2）单击 Device Type 按钮，选择 Android Things board。

（3）选择 Manifests，可以看到如图 4-10 所示的字段。

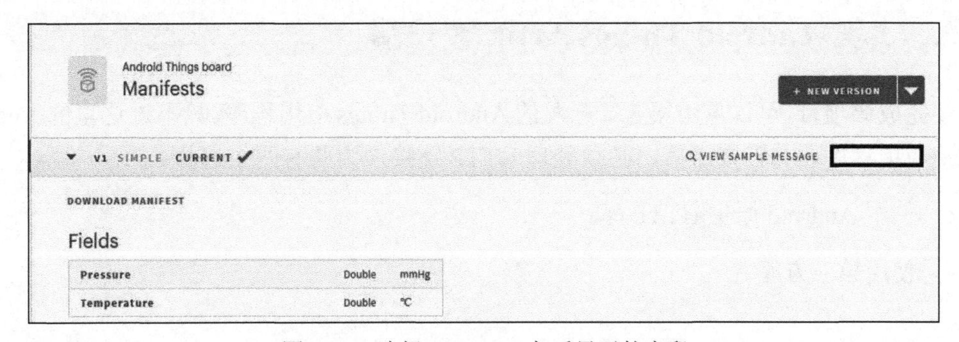

图 4-10 选择 Manifests 之后显示的字段

（4）单击 VIEW SAMPLE MESSAGE 按钮，可以看到图 4-11 所示的数据结构。

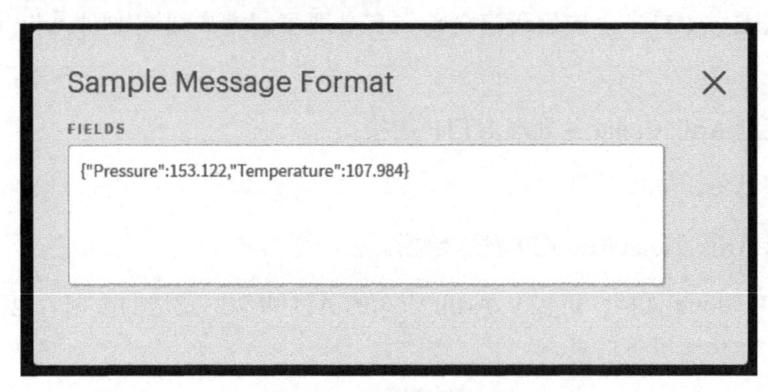

图 4-11　查看数据结构

此外，包含传感器值的数据应该包含在消息中，这里的消息是将其他信息添加到实际数据的一个包装器，具体的消息结构实例如下。

```
{
      "sdid":"device_id",
      "ts": timestamp,
      "data":
    {
      "Pressure":153.122,
      "Temperature":107.984
    }
}
```

这里，device_id 是唯一的设备标识，ts 是时间戳。现在，我们已经具体知道了如何构建消息及如何检索身份验证参数。

这样，便可以开始实现 Android Things 客户端了。

4.2.3　实现 Android Things Artik 客户端

要完成该项目，可以重用第 3 章开发的 Android Things 应用程序。只不过这里的 Android Things 应用程序要与云端通信，必须处理 HTTP 连接，为此有两个选择。

- 使用 Android 原生 HTTP 库。
- 使用第三方库。

不要忘记 Android Things 应用程序的本质还是 Android 应用程序，因此仍然可以使用已有的 Android HTTP 库。在此项目中，可以使用 Volley，该库自推出以来已经被广泛使用并提供了很多有用的功能，而且它在很大程度上简化了对 HTTP 连接的管理。

要使用 Volley，请按照下列步骤操作。

（1）打开 build.gradle 文件，并添加以下行，以便在依赖库中添加 Volley 库。

```
dependencies {
    ...
    compile 'com.android.volley:volley:1.0.0'
}
```

（2）为了申请连接 Internet 的权限，在 Manifest.xml 文件中添加以下行。

```
<uses-permission android:name="android.permission.INTERNET" />
```

（3）创建一个新类 ArtikClient.java 来处理所有的通信细节。

（4）ArtikClient 是一个单例，因此需要创建一个私有构造函数。该构造函数以 ctx、deviceId 和 token 作为参数。

```
private ArtikClient(Context ctx, String deviceId, String token) {
    this.ctx = ctx;
    this.deviceId = deviceId;
    this.token = token;
    createQueue();
}
```

（5）实现 createQueue( )方法。此方法用于初始化 Volley 请求队列以便应用程序可以向 Artik Rest API 发出请求。

```
private void createQueue() {
   if (queue == null)
     queue = Volley.newRequestQueue(ctx.getApplicationContext());
}
```

这里的队列定义如下。

```
private RequestQueue queue;
```

（6）配置完请求队列后，可以关注实现发送数据的方法。为此，在此类中添加 sendData( ) 方法。这是该类的核心方法，该方法将使用消息结构调用 Artik Rest API。在实现这个方法之前，为了提高代码的可读性，可以将其拆分为如下几个步骤。

① 创建一个 StringRequest 实例，表示要发送的请求。

② 重写 getHeaders( )方法，自定义 HTTP 请求标头。

③ 重写 getBody( )方法，自定义发送的正文。

以下是这 3 个步骤的详细说明。

1．用 Volley 实现 StringRequest

Volley 中的 StringRequest 表示发送给 Artik 的 HTTP 请求。可以将以下代码添加到 sendData( )方法中。

```
StringRequest request =
    new StringRequest(Request.Method.POST, ARTIK_URL,
    new Response.Listener<String>() {
      @Override
      public void onResponse(String response) {
        Log.d(TAG, "Response ["+response+"]");
      }
    },
     new Response.ErrorListener() {
       @Override
       public void onErrorResponse(VolleyError error) {
       error.printStackTrace();
       }
     })
```

该应用程序使用 HTTP 的 POST 发送数据，并且需要重写以下两个方法。

- onResponse：当 HTTP 正确响应时调用。
- onErrorResponse：当请求获得错误响应时调用。

可以使用该方法来记录错误或以某种方式将错误通知给用户。

为了使用户感受到应用程序正在向 Artik 发送数据，可以在发送阶段打开一个 LED，以此作为正在发送的标志。如果发生错误，应用程序可以打开另一个 LED 以通知用户存在问题。

2. 实现自定义 HTTP 标头

在发送请求之前，必须重写 getHeaders( )方法，因为应用程序必须按照 Artik 规范的要求发送 Authorization 标头参数。要重写 Volley 中的请求标头，需要添加以下方法。

```
@Override
public Map<String, String> getHeaders() throws AuthFailureError {
    Log.d(TAG, "Get headers..");
    Map<String, String> headers = new HashMap<String, String>();
    headers.put("Content-Type", "application/json");
    headers.put("Authorization", "Bearer " + token);
    return headers;
}
```

此外，在上面的代码中，应用程序将请求字段 Content-Type 设置为 application/json。

3. 使用自定义正文请求发送数据

最后一步是实现自定义请求正文。请求正文表示应用程序发送的主体数据，因此它必须具有规范的结构。要做到这一点，应用程序需要重写 getBody( )默认方法。

```
@Override
public byte[] getBody() throws AuthFailureError {
  Log.d(TAG, "Creating body...");
  try {
    JSONObject jsonRequest = new JSONObject();
    jsonRequest.put("sdid", deviceId);
    jsonRequest.put("ts", System.currentTimeMillis());
    JSONObject data = new JSONObject();

    data.put("Temperature", temp);
    data.put("Pressure", press);
    jsonRequest.put("data", data);
    String sData = jsonRequest.toString();
    Log.d(TAG, "Body:" + sData);
    return sData.getBytes();
}
catch (JSONException jsoe) {
  jsoe.printStackTrace();
}
return "".getBytes();
}
```

该方法使用 JSON 库来构建 JSON 消息，它会在消息中添加结构体中的所有参数。

```
queue.add(request);
```

至此，Artik 客户端现已准备就绪。

4.3 从 Android Things 应用程序发送数据

HTTP 部分准备好后，必须从 MainActivity.java（用来读取传感器数据的类）调用它。向 Artik Cloud 发送数据的简单方法是每次在传感器中读取新值时调用其 API。然而，我们知道传感器读取新值的频率非常高。使用这种方法会连续不断地调用 Artik API，这里，最好的方法是使用调度程序发送数据。通过调度程序，Android Things 应用程序将会以特定的时间间隔发送数据，从而不会使 Artik Cloud 崩溃。通过这种方式，可以调整频率，从而更好地控制应用程序的行为和应用程序消耗的带宽。接下来，修改 MainActivity.java。

（1）将以下方法添加到此类中。在该类中，使用 SchedulerExecutorService 连续运行特定任务，并用 TIMEOUT 指定延迟。该任务在 run( )方法中定义。

```
// Scheduler to send data//
private void initScheduler() {
  ScheduledExecutorService scheduler=
     Executors.newSingleThreadScheduledExecutor();

  scheduler.scheduleAtFixedRate(new Runnable() {
     @Override
     public void run() {
      double mTemp = totalTemp / tempCounter;
      double mPress = totalPress/
      pressCounter * FACTOR;
      totalTemp = 0;
      totalPress = 0;
      tempCounter = 0;
      pressCounter = 0;
      // call Artik
      ArtikClient.getInstance(MainActivity.this,
      DEVICE_ID, TOKEN).sendData(mTemp, mPress);
      }
  }, 1, TIMEOUT, TimeUnit.MINUTES);
}
```

（2）根据上次将数据发送到 Artik 的时间与当前时间，计算这段时间内的平均温度值。

（3）用相同的方式计算平均压强值。

（4）将以毫巴（mbar）为单位的压强转换为以毫米汞柱[①]（Artik 云控制台中指定的测量单位）为单位的压强。

（5）调用 ArtikClient 发送的平均温度值和平均压强值。

（6）该应用程序重置了总的温度值和总的压强值，同时重置了获得的温度和压强样本的总计数器。

（7）调用 onCreate( )方法来处理这个任务。为此，添加以下内容。

```
method into the onCreate() method:
initScheduler();
```

可以配置调度程序使用的超时参数，它表示执行两个任务的间隔时间。修改超时参数的值，可以控制应用程序向 Artik Cloud 发送数据的频率。在此示例中，应用程序使用了 1 分钟的超时，也可以根据需要调整超时参数的值。

现在运行该应用程序，会观察到它开始发送数据，以下是应用程序输出的日志。

```
D/MainActivity: On Sensor connected...
D/MainActivity: Temp sensor..
D/MainActivity:On Sensor connected...
D/MainActivity: Pressure sensor..
D/MainActivity: T.Accuracy [3]
D/MainActivity: P. Accuracy [3]
D/MainActivity: Change RGB led color. Red [false] - Green [false] - Blue
[true]
D/Artik: Get headers..
D/Artik: Creating body...
D/Artik: Body:{"sdid":"084e88ef363c422899xxxxxx","ts":1488639361346,"data":
{"Temperature":23.077 471866138097,"Pressure":736.9710191455032}}
D/Artik: Response
[{"data":{"mid":"652a1d6e6bd046f9a56b4d6e13662460"}}]
D/Artik: Get headers..
D/Artik: Creating body...
D/Artik: Body:{"sdid":"084e88ef363c422899xxxxxx","ts":1488639421322,"data":
{"Temperature":23.150 367814260957,"Pressure":737.1639172230938}}
```

① 1mmHg=1333.322Pa。——编者注

```
D/Artik: Response
[{"data":{"mid":"ff676c81d47c430793fff5dba9231da8"}}]
```

你可以看到来自 Artik 云平台的响应，该数据用于通知应用程序发送的数据已经由 Artik 获取。

4.4 创建仪表板

当应用程序运行时，它从传感器获取的数据将会被发送到 Artik 云端。可以使用这些值来创建图表并使用不同的格式使这些数据可视化。数据图表提供了一种很好的数据分析方法。下面介绍如何做到这一点。

（1）登录 Artik 云平台。

（2）选择 Charts，如图 4-12 所示。

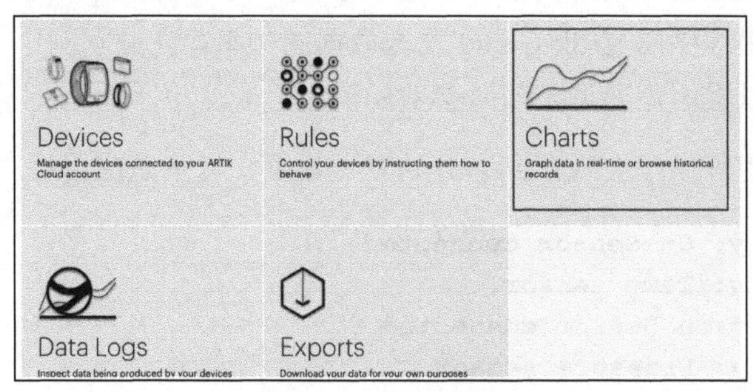

图 4-12 选择 Charts

（3）添加用于从 Android Things 主板收集数据的变量——Temperature 和 Pressure。

（4）调整时间范围以设置适合发送数据的时间段，将看到图 4-13 所示的 Charts 界面。

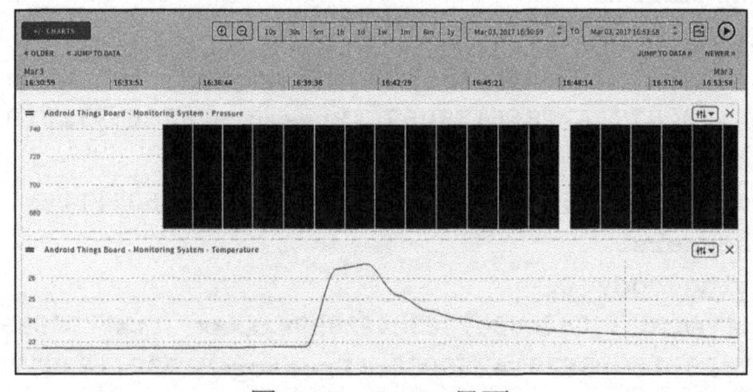

图 4-13 Charts 界面

该界面显示了 Temperature、Pressure 两个变量的变化趋势。我们也可以使用其他图表类型来更好地表示其他信息。

数据记录

图表只能简单描述开发的 Android Things 应用程序获取的值，为此，可以使用其他方式具体地显示这些数据。以此方式，可以直观地了解 Android Things 客户端对 Artik Cloud 的所有请求。为了完成该功能，要按照下列步骤操作。

（1）返回 Artik 云平台。

（2）选择 Data Logs，平台将可视化接收到的所有事件（或请求），如图 4-14 所示。

图 4-14 很容易理解，第一列是在前面配置的设备，而最后一列是发送的数据。可以看到 Android Things 应用程序发送到云端的 JSON。

DEVICES RULES CHARTS DATA LOGS EXPORTS

DEVICE	RECORDED AT	RECEIVED AT	DATA
Android Things board - Monitoring system	Mar 3 2017 16:44:04.523	Mar 3 2017 16:44:05.225	{"Pressure":743.2368145808717,"Temperature":24.4830662
Android Things board - Monitoring system	Mar 3 2017 16:43:04.523	Mar 3 2017 16:43:05.196	{"Pressure":743.2063349270118,"Temperature":25.1952328
Android Things board - Monitoring system	Mar 3 2017 16:42:04.523	Mar 3 2017 16:42:05.196	{"Pressure":743.1804380089573,"Temperature":26.6807213
Android Things board - Monitoring system	Mar 3 2017 16:41:04.523	Mar 3 2017 16:41:05.244	{"Pressure":743.2000930085092,"Temperature":26.4473325
Android Things board - Monitoring system	Mar 3 2017 16:40:04.524	Mar 3 2017 16:40:05.199	{"Pressure":743.2602728650169,"Temperature":22.7661898
Android Things board - Monitoring system	Mar 3 2017 16:39:04.527	Mar 3 2017 16:39:05.211	{"Pressure":743.2648839078688,"Temperature":22.7591543
Android Things board - Monitoring system	Mar 3 2017 16:38:04.526	Mar 3 2017 16:38:05.343	{"Pressure":743.2618311068334,"Temperature":22.7484212

图 4-14 可视化事件

可以使用云平台中的导出数据等功能，甚至可以使 Android Things 应用程序既发送温度值和压强值，又发送湿度值。在这种情况下，需要修改 Manifest，添加一个新变量来保存值。

4.5 为 Android Things 添加语音功能

到目前为止，本书已经介绍了如何将数据发送到 IoT 云平台。在这种情况下，IoT 云平台的行为类似于存储信息的数据容器。当然，一些 IoT 平台也会提供其他类型的服务，值得一提的是其中的集成服务。在该服务中，云平台并不致力于从传感器获取数据并存储数据，其目标是提供与其他云系统的集成服务。能实现该功能的其中一个平台是 Temboo。Temboo 提供了用于扩展 IoT 应用程序功能的大量集成服务。Temboo 支持多种编程语言和 IoT 平台，其中的一种操作系统便是 Android，这对于 Project 来说非常完美。

我们想要做的是为 Android Things 应用程序添加语音通话功能，以便它可以通过预先配置的消息触发语音电话来通知我们发生了特定事件。为此，Android Things 应用程序使用名为 **choreo** 的 Temboo 服务，choreo 简化了与 Nexmo 的集成过程。Nexmo 是一个语音云平台。图 4-17 描述了用于将此新功能添加到 Android Things 应用程序中的整体集成架构。

在图 4-15 中，Android Things 应用程序（由 Raspberry Pi 3 运行）在某个事件发生时调用 Temboo。在这个例子中，当温度超过 5℃时，该应用程序会调用 Temboo。该应用程序使用 Temboo 平台的集成服务。接下来，Temboo 通知 Nexmo 拨打响应电话。Nexmo 使用文本到语音（Text To Speech，TTS）引擎将文本转换为人类可以听到的声音。

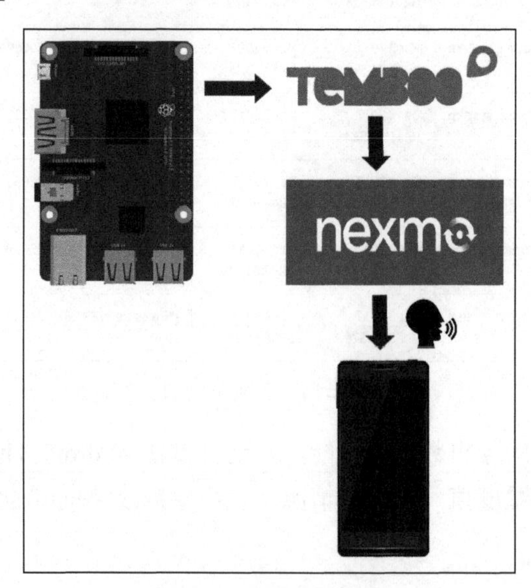

图 4-15 整体集成架构

添加这些新功能需要遵循的步骤如下。

（1）配置 Temboo choreo，以与 Nexmo 交互。

（2）修改 Android Things 应用程序，以集成 Temboo 服务 choreo。

下面我们看看如何做到以上两点。

4.5.1　配置 Temboo 服务 choreo

在此步骤中，必须配置 Temboo 平台以调用 Nexmo 的 API 服务。第一步是创建一个免费的 Nexmo 账户，以测试应用程序。创建账户后，可以访问控制台，从而获取 key 和 secret 两个参数的值。

图 4-16 显示了带以下两个参数的 Nexmo 仪表板。

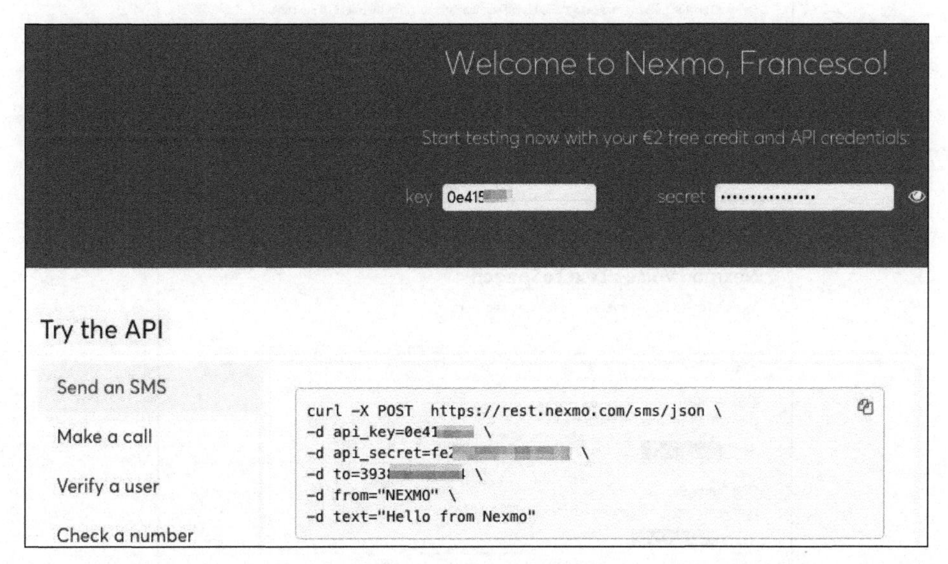

图 4-16　Nexmo 仪表板

在 Temboo 中这两个参数用于验证服务请求。如果你还没有 Temboo 账户，则必须创建一个，登录后，按照下列步骤操作。

（1）在 Nexmo 的 Voice API 中，找到 CHOREO 并选中 TextToSpeech（见图 4-17）。

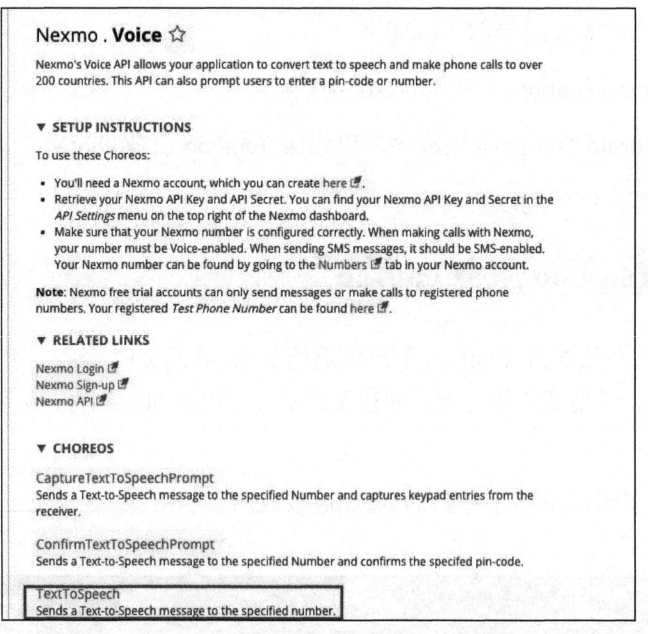

图 4-17 查找 CHOREOS 并选择 TextToSpeech

（2）选择 TextToSpeech 后，将看到图 4-18 所示的 INPUT 信息。

图 4-18 TextToSpeech 的 INPUT 信息

该界面提供以下信息。

- 之前从 Nexmo 获得的 key 和 secret。
- Nexmo 转换成语音的文本。
- 电话号码。

注意，一定要在图 4-18 所示的界面顶部的下拉列表中选择 Android。

现在，单击 Generate Code 按钮来获取要在 Android Things 应用程序中使用的代码段（见图 4-19）。

到这里，我们已经完成了所有配置步骤，现在可以将 Temboo 集成到 Android Things 应用程序中了。

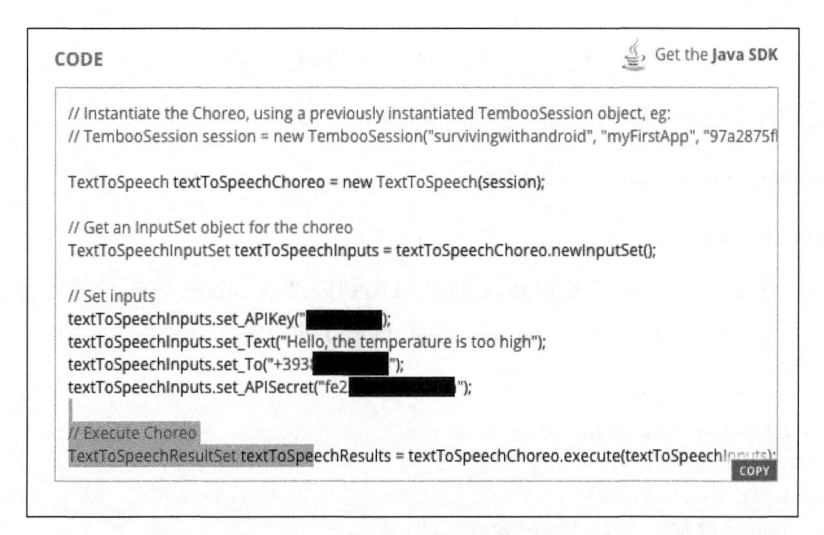

图 4-19 代码段

4.5.2 在 Android Things 应用程序中集成 Temboo

修改 Android Things 应用程序来添加之前获得的代码段并处理与 Temboo 的集成。具体步骤如下。

（1）打开 Android Studio，修改应用程序。

（2）从 Temboo 官网下载 Android 的 Temboo SDK（见图 4-20）。

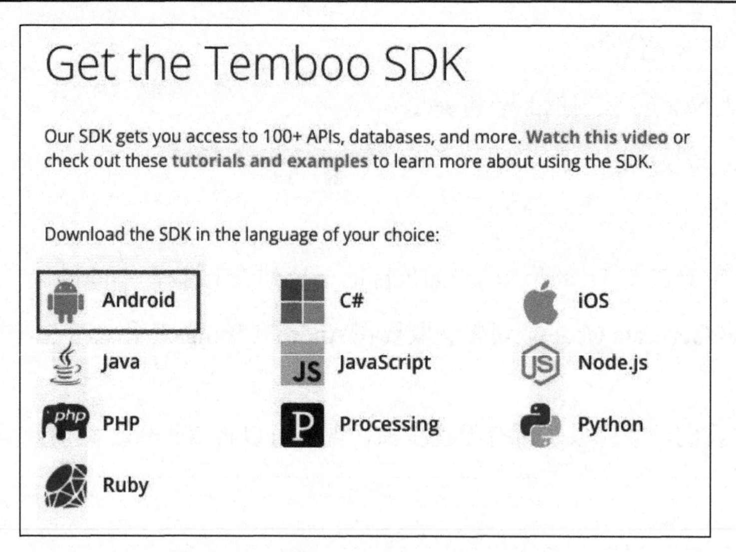

图 4-20　下载 Android 的 Temboo SDK

（3）为了将 Temboo 库添加到项目库中，需要添加以下两个库：

- temboo-android-sdk-core-xxx.jar；
- Nexmo-xxx.jar。

（4）将一个名为 TembooClient.java 的类添加到处理 Temboo 集成具体信息的项目中。这个类的核心是下面展示的调用 Temboo 服务 choreo 的方法。

```
public void callTemboo() {
  Runnable r = new Runnable() {
     @Override
     public void run() {
       Log.d(TAG, "Call Temboo...");
       TextToSpeech textToSpeechChoreo = new TextToSpeech(session);
       TextToSpeech.TextToSpeechInputSet
          textToSpeechInputs = textToSpeechChoreo.newInputSet();
       textToSpeechInputs.set_APIKey("xxxx");
          textToSpeechInputs.set_Text("Hello, the temperature is
          too high");
       textToSpeechInputs.set_To("xxxx");
       textToSpeechInputs. set_APISecret("1xxx");
       try {
          TextToSpeech.TextToSpeechResultSet
            textToSpeechResults = textToSpeechChoreo.
              execute(textToSpeechInputs);
```

```
                Log.d(TAG, "TTS Result
                    ["+textToSpeechResults.get_Response()+"]");
              }
              catch (TembooException te) {
              te.printStackTrace();
              }
                }
        };
        Thread t = new Thread(r);
        t.start();
    }
```

此方法封装了在前面的步骤中配置的 choreo 代码。

（5）在 TemperatureCallback 的 onSensorChanged 中调用此类。

```
if (val >= 5) {
    TembooClient client = TembooClient.getInstance();
    client.callTemboo();
}
```

现在可以运行应用程序了。验证当温度超过 5℃时，应用程序是否会调用 Temboo，并拨打一个电话。可以使用 if 语句来改进代码，避免每次温度超过上一个预配置时间间隔内的阈值时重复拨打电话。

另外，我们可以集成其他服务来扩展此项目。

4.6 本章小结

本章介绍了如何将 Android Things 与 IoT 云平台集成，还讨论了如何将数据流式地传输到云端及如何使用发送的数据创建仪表板以图表形式展示数据。目前，我们已经了解了各个类型的 IoT 平台，并将 Android Things 主板与各个云服务集成。即使其他 IoT 平台有不同的特性和功能，本章中的开发理念也可以应用于其中。在第 5 章中，我们将学习如何使用 Android Things 来控制不兼容 Android Things 的远程 IoT 主板。我们将实现一个主从架构，其中 Android Things 主板是主机，而其他底层开发板（如 Arduino UNO）是从机。

第 5 章 创建一个智能系统来控制环境光

本章将介绍如何使用 Android Things 创建一个控制环境光的系统。在此项目中，我们将研究如何使用 Android Things 应用程序来控制 Arduino 等其他 IoT 主板。正如我们之后将会看到的，Android Things 可以用作 IoT 网关，在主从架构（master-slave architecture）中管理一个或多个远程 IoT 板。

本章内容如下：

- 在主从架构中使用 Android Things；
- 实现 Arduino 草图来控制 RGB LED 彩带；
- 使用 HTTP 交换数据；
- 创建 Android Things UI。

在本章中，我们构建的基于 Android Things 系统的 IoT 项目完全可以在实际生活中使用，用户可以在自己家使用它来管理 LED。

5.1 环境光控系统描述

在深入讨论项目实现的细节之前，先简单介绍一下要构建的这个项目。实现这个项目的思路是构建一个具有单一控制中心的系统。该系统由 Android Things 及几个连接到 RGB LED 彩带的远程 IoT 板组成。这些 IoT 主板接收来自 Android Things 应用程序的命令，根据这些命令，它们可以设置各个 RGB LED 的颜色来实现多种灯光效果。

该项目使用两种不同的 IoT 主板。

- 与 Android Things 兼容的主板，如 Raspberry。

- Pi 3 Arduino Uno R3。

图 5-1 展示了该项目的基本架构及这两种主板的作用。

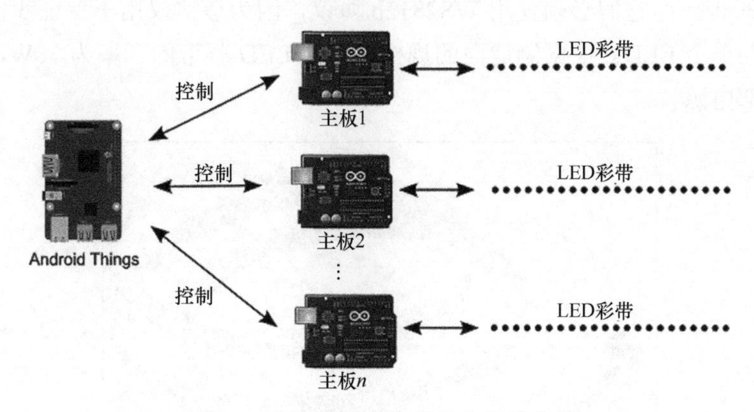

图 5-1 项目的基本架构及主板的作用

注意，LED 彩带连接到可以直接管理它们的 Arduino 主板，Arduino 主板使用 HTTP 从 Android Things 主板接收命令。HTTP 是一种面向 Web 的超文本传输协议，用于在不同的 IoT 主板之间交换数据。虽然 HTTP 会造成一定的开销，但是它是一种相当通用并且很容易实现的协议，我们可以轻松地在 Android Things 和 Arduino 中应用它。对于某些情况，尤其是在需要以一对多形式发布数据时，HTTP 并不是最佳选择。然而，在这个项目中，暂时还不需要这些功能。下一章将介绍一种更具体的 IoT 协议——MQTT。

一般来说，当构建一个请求-响应形式的项目时，如果没有网络限制并且要使用一个广泛使用的协议，那么 HTTP 是最好的选择。

这种架构的好处如下。

- 具有唯一的中心控制点。
- 提供独立的接口。
- 易于实施。

5.1.1 项目组件

为了构建此 IoT 项目，需要以下组件。

- LED 彩带。在本章的项目中，我们将使用基于 WS2812b 协议的可单独寻址的 LED 彩带，如图 5-2 所示。这个 RGB LED 彩带的长度为 1m。也可以采用其他类型的 LED 彩带，但它们必须使用 WS2812b 协议，因为该协议用于保证我们可以处理彩带中的单个 LED。根据制造商的规格，这个 LED 彩带的功率为 18W，所以需要一个外部电源。

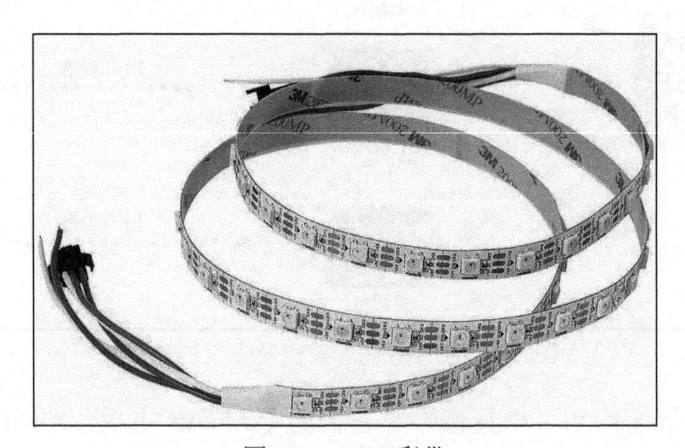

图 5-2　LED 彩带

（图片源自 Amazon 网站）

- 外部电源。要打开 RGB LED 彩带，需要电源。LED 在 5V 时的功率是 18W，因此需要相应规格的电源。图 5-3 展示了此项目中使用的电源。

图 5-3　电源

- Arduino 主板（一块或多块）。该项目使用 Arduino Uno R3，也可以使用与 Arduino 兼容的其他类型的主板。如果使用 Arduino Uno，则需要使用 Wi-Fi 或以太网将此电路板连接到网络。

5.1.2 项目架构

我们知道了构建 IoT 项目所需的组件之后，我们就必须了解这些组件该如何连接。在这个项目中，Android Things 主板并不直接管理传感器或其他外围设备，而是充当处理远程主板的中央网关。因此，该项目可以分为以下两个组成部分：

- Arduino 项目；
- Android Things 应用程序。

重要的是要清楚这两个部分各自的作用，以便在开发项目时有一个清晰的思路。

Arduino 主板需要完成的主要任务如下。

（1）根据 WS2812 协议实现处理 RGB LED 彩条的逻辑。

（2）提供一组可由 Android Things 应用程序调用和使用的服务。

Android Things 应用程序的任务如下。

（1）实现对应逻辑，以调用 Arduino 主板提供的服务接口。

（2）实现用户界面，以便用户可以远程控制 RGB LED 彩带。

我们从 Arduino 项目开始。

5.2 构建 Arduino 项目

本节将介绍如何构建 Arduino 项目。首先，将 RGB LED 彩带连接到 Arduino，如图 5-4 所示。

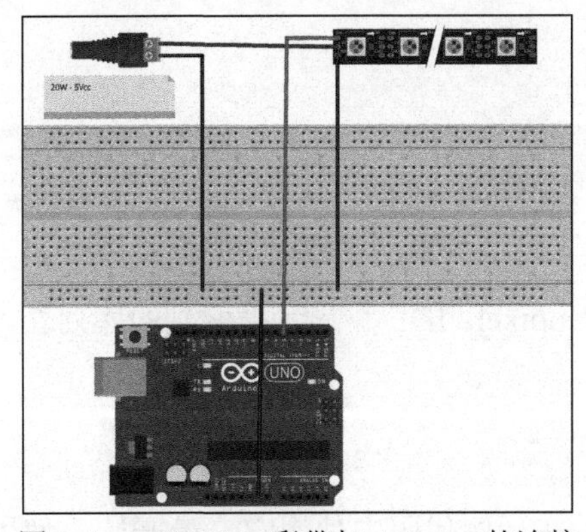

图 5-4 RGB LED 彩带与 Arduino 的连接

接线非常简单。WS2812外围设备只有一个数据引脚连接到Arduino的引脚5（PWM）。

不要忘记将所有接地极连接在一起以得到一个共同的参考电压。

下面可以开始开发代码了。为了处理RGB LED彩带，我们将使用由Adafruit开发且开源的Adafruit Neopixel库，它可以帮助我们轻松地管理彩带上的每个RGB LED。可以跳过以下所有步骤，直接使用对应草图（sketch）的源代码并将其上传到Arduino Uno主板中。下载该项目的源代码后，可以在其中找到这里涉及的源代码。也可以按照本节内容一步一步操作，这将可以帮助我们更好地了解如何实现Android Things应用程序。

安装Adafruit Neopixel库的步骤如下。

（1）打开Arduino IDE。

（2）选择Sketch→Include Library→Manage Library，进入图5-5所示的Library Manager界面。

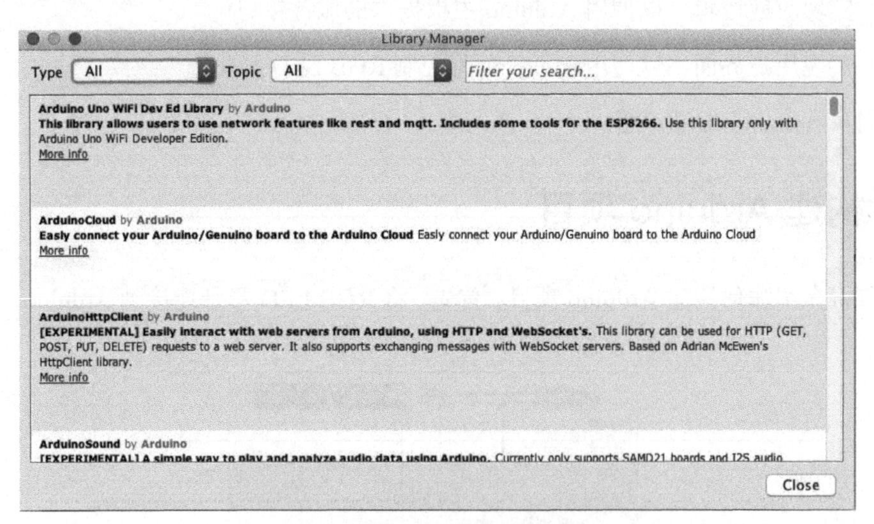

图5-5 Library Manager界面

（3）在搜索框中输入Neopixel。IDE将显示搜索到的库列表。选择名为Adafruit Neopixel的库。

（4）单击Install按钮。

库准备好之后，便可以在示例代码中使用它。最开始，使用该库来管理RGB LED的颜色并实现一个简单的效果。在接下来的步骤中，必须使用 Arduino IDE。如果你还没有该 IDE，则可以从 Arduino 官网下载它。具体步骤如下。

（1）在 Arduino IDE 中创建一个新草图。

（2）在文件顶部添加以下行。

```
#include <Adafruit_NeoPixel.h>
```

（3）为了定义 LED 彩带所连接的引脚和可用的 LED 数量，添加以下行。在这个项目中使用的 LED 彩带中有 60 个 RGB LED，在实际情况下需要根据彩带中可用的 LED 数量更改此值。

```
#define PIN 5
#define LED_NUMBER 60
```

（4）在该草图中配置与 LED 彩带的通信。

```
Adafruit_NeoPixel strip = Adafruit_NeoPixel(LED_NUMBER, PIN,
   NEO_GRB +NEO_KHZ800);
```

可以在 GitHub 网站中找到有关如何设置配置参数的更多信息。

（5）在 setup( )方法中添加以下行，用于初始化彩带，以便可以在以后使用它。

```
strip.begin();
```

（6）将以下方法添加到草图中。此方法仅使用 uint32_t 类型的 color 参数传递的颜色填充彩带。在这个方法中，当打开彩带中的每个 RGB LED 时，应用一个简单的动画。wait 参数表示打开下一个 RGB LED 之前经过的时间。通过修改此参数，可以增加或减少使用指定颜色填充彩带所花费的时间。除此之外，direction 代表 RGB LED 的开启方式——从底部到顶部，从顶部到底部。

```
void fillStrip(uint32_t color, int wait, int direction)
{
    int first, last;
    setDirection(&first, &last, direction);
    for (int p = first; p <= last; p++) {
        strip.setPixelColor(abs(p), color);
```

```
            strip.show();
            delay(wait);
        }
    }
```

（7）添加以下方法，使用前面描述的相同过程关闭所有 RGB LED。

```
void clearStrip(int wait, int direction)
{   int first, last;
    setDirection(&first, &last, direction);
    for (int p = first; p <= last; p++) {
     strip.setPixelColor(abs(p), 0); strip.show();
     delay(wait);
    }
}
```

也可以通过添加其他方法来实现不同的灯光效果。源代码还实现了彩虹效果。在继续之后的步骤之前，可以先测试一下前面的代码以确保 Arduino 可以正确管理 RGB LED 彩带。

Arduino 如何提供服务接口

现在，我们要提供 Android Things 应用程序中用于远程控制 RGB LED 彩带的服务接口。这是一个非常重要的步骤，因为它同样适用于其他类型的项目。要使 Arduino 提供服务，有两种不同的选择。

- 使用可以处理 HTTP 连接的 Web 服务器。
- 使用 aREST 库将服务接口公开为 REST 服务。

第二种方式最简单，也最有趣。通过 aREST 库，只需要几步，就可以将前面描述的方法公开为 Restful 服务。为此，修改先前创建的草图。

（1）添加 aREST 库，可参考添加 Adafruit 库的方式。

（2）在草图顶部添加以下行。

```
#include <Ethernet.h>
#include "aREST.h"
```

（3）添加以下定义，声明服务器用于监听传入连接的服务器端口。

```
#define SERVER_PORT 80
```

（4）添加以下行，初始化服务器。

```
EthernetServer server(SERVER_PORT);
//create aREST
aREST rest = aREST();
```

（5）初始化 aREST 库后，必须将要提供的函数注册为服务。即使这里没有具体描述，也必须初始化以太网连接，因为不是那么重要，所以这一点不会重点介绍。我们将更多的注意力集中在如何注册新服务上。在 setup( )方法中，添加以下行。

```
rest.function("fill", setStripColor);
rest.function("clear", setClearStrip);
rest.function("rainbow", setRainbow);
```

这里，setStringColor( )、setClearStrip( )和 setRainbow( )是一组以 String 类型作为参数的简单函数。此参数保存 HTTP 请求的参数。以下代码用于定义 setStripColor( )。

```
int setStripColor(String command) {
  Serial.println("Color strip function...");
  struct data value = parseCommand(command);
  debugData(value);
  fillStrip(strip.Color(value.r,value.g,value.b),
      value.wait, value.dir);
  return 1;
}
```

在前面的代码中，parseCommand( )函数只提取将用来管理 LED 彩带的数据。在这个项目中，假设命令结构非常简单，它由一个字符串表示，其中包含所有需要的值。结构如下。

- 第一个字符代表方向。
- 接下来的 6 个字符代表十六进制格式的颜色。
- 接下来的两个字符代表延迟。
- 最后一个字符是功能描述符。

最后，此函数调用 fillStrip( )函数来设置彩带的颜色效果。也可以以相同的方式定义提供的其他方法。可以在本书配套的项目示例中找到上述代码。

现在我们准备开发 Android Things 应用程序，以控制 Arduino 主板。

5.3 实现 Android Things 应用程序

我们重新回到 Android Things 应用程序。一旦实现 Arduino 草图，我们就可以将注意力集中在 Android Things 方面。要开发的应用程序必须可以控制 Arduino 主板，从而控制 RGB LED 彩带。为此，该应用程序必须满足以下条件。

- 使用用户界面与用户交互，以便他们可以选择 LED 彩带的颜色或触发效果。
- 使用 5.2 节描述的服务接口与远程主板交换数据。

我们需要着重关注与用户界面相关的开发。如第 1 章所述，用户界面在 Android Things 中可有可无，这意味着有些设备支持 UI，其他设备不支持 UI。例如，Raspberry Pi 3 支持 UI，而 Intel Edison 则不支持 UI。出于这个原因，我们将在 Raspberry Pi 3 上运行应用程序，而对于 Intel Edison，将使用之后介绍的另一种方法。

5.3.1 开发 Android Things 应用程序 UI

在开发第一个 Android Things UI 时，应该记住，Android Things 只是 Android 系统的“修订”版本，完全可以应用 Android 知识来构建其中的 UI。简要回顾一下，在开发 UI 时，要遵循的主要步骤如下。

（1）创建一个包含 UI 组件的 XML 文件。

① 定义布局。

② 在布局中添加控件。

（2）将 XML 文件追加到将处理它的 Activity 中。

（3）处理用户与组件交互时触发的事件。

在深入研究 UI 的代码细节之前，有必要先设想一下界面的外观。界面非常简单，应该包括如下内容。

- 3 种不同的搜索条，用于选择颜色（RGB）。
- 1 个选择控件，用于选择方向。
- 1 个按钮，用于关闭 LED 彩带。

- 1 个按钮，用于实现彩虹效果。
- 1 个按钮，用于设置 RGB LED 彩带的颜色。
- 1 个 EditText，用于以毫秒为单位插入延迟时间。

下面介绍如何实现它。

（1）复制 Android Things 模板项目。

（2）在 res 文件夹下创建一个名为 layout 的新文件夹。

（3）在 layout 文件夹下创建一个名为 main_activity.xml 的新文件。这是定义 Android Things UI 的 XML 文件。

（4）在此示例中，使用 RelativeLayout 来放置控件。这是一个布局管理器，它使用相对位置放置其子控件。要了解更多信息，请参阅 Android 开发者官网。在此文件中，添加如下布局。

```
<RelativeLayout xmlns:android
    ="***schemas.android***/apk/res/android"
    android:layout_width="match_parent"
    android:layout_height="match_parent">
```

（5）放置控件来实现 Android Things UI。这里使用 3 个搜索条来分别代表 3 种颜色组件。

```
<TextView
    android:layout_width="wrap_content"
    android:layout_height="wrap_content"
    android:text="R"
    android:layout_below="@id/txtLabel"
    android:layout_margin="10dp"
    android:id="@+id/lblRed"/>
<SeekBar
    android:layout_width="200dp"
    android:layout_height="wrap_content"
    android:max="255" android:id="@+id/rColorBar"
    android:layout_alignBottom="@id/lblRed"
    android:layout_toRightOf="@id/lblRed"/>
```

```
<TextView
    android:layout_width="wrap_content"
    android:layout_height="wrap_content"
    android:text="G"
    android:layout_below="@id/lblRed"
    android:layout_margin="10dp"
    android:id="@+id/lblGreen"/>
<SeekBar
    android:layout_width="200dp"
    android:layout_height="wrap_content"
    android:max="255" android:id="@+id/gColorBar"
    android:layout_alignBottom="@id/lblGreen"
    android:layout_toRightOf="@id/lblGreen"/>
<TextView
    android:layout_width="wrap_content"
    android:layout_height="wrap_content"
    android:text="B"
    android:layout_below="@id/lblGreen"
    android:layout_margin="10dp"
    android:id="@+id/lblBlue"/>
<SeekBar
    android:layout_width="200dp"
    android:layout_height="wrap_content"
    android:max="255" android:id="@+id/bColorBar"
    android:layout_alignBottom="@id/lblBlue"
    android:layout_toRightOf="@id/lblBlue"/>
```

（6）添加输入文本以便用户可以更改延迟时间。

```
<TextView
    android:layout_width="wrap_content"
    android:layout_height="wrap_content"
    android:text="Delay in milliseconds"
    android:id="@+id/lblDel"
    android:layout_below="@id/lblBlue"
    android:layout_marginTop="20dp"/>
<EditText
    android:layout_width="wrap_content"
    android:layout_height="wrap_content"
    android:layout_below="@id/lblDel"
    android:text="10"
    android:id="@+id/delText"/>
```

（7）添加保持光效方向的 Spinner 控件。Spinner 控件提供了一种从预定义的值集中选择一个值的方法。

```
<TextView
    android:layout_width="wrap_content"
    android:layout_height="wrap_content"
    android:text="Direction"
    android:id="@+id/lblDir"
    android:layout_below="@id/delText"
    android:layout_marginTop="20dp"/>
<Spinner
    android:layout_width="wrap_content"
    android:layout_height="wrap_content"
    android:id="@+id/direction"
    android:layout_below="@id/lblDir"/>
```

（8）添加 3 个按钮。

```
<Button
    android:layout_width="wrap_content"
    android:layout_height="wrap_content"
    android:layout_below="@id/txtLabel"
    android:layout_marginTop="25dp"
    android:layout_marginRight="25dp"
    android:text="Go!"
    android:id="@+id/btnGo"
    android:layout_alignParentRight="true"/>
<Button
    android:layout_width="wrap_content"
    android:layout_height="wrap_content"
    android:id="@+id/btnClear"
    android:text="Clear the strip"
    android:layout_below="@id/btnGo"
    android:layout_alignLeft="@id/btnGo"/>
<Button
    android:layout_width="wrap_content"
    android:layout_height="wrap_content"
    android:id="@+id/btnRainbow"
    android:text="Rainbow"
    android:layout_below="@id/btnClear"
    android:layout_alignLeft="@id/btnGo"/>
```

至此，布局已定义好。

5.3.2 将布局追加到 Activity 中

要在 Activity 启动时显示布局，必须将先前定义的布局追加到 Activity 中。具体操作如下。

（1）打开 MainActivity.java，并在 onCreate 方法中添加以下行。通过这种方式，便可以将定义的布局追加到 Activity 中。

```
setContentView(R.layout.main_activity);
```

（2）获得每个控件的引用。这里使用 findViewById 达到此目的，它借助布局中使用的 ID 来标识控件。例如，要获得对红色搜索栏的引用，使用以下代码。

```
rBar = (SeekBar) findViewById(R.id.rColorBar);
```

（3）为布局中的所有控件应用上面的代码。当然，控件类型和名称并不相同。

（4）在前面描述的布局中用到了 Spinner 控件，此控件必须使用一些可选的值来填充，以便用户可以选择其中一个作为选项。为此，可以使用适配器（adapter）。这是视图（或控件）与底层数据交互的桥梁。可以在 Android 开发者官网中找到关于适配器的更多信息。在该例中，我们使用一个简单的 ArrayAdapter。

```
dirSpinner = (Spinner)findViewById(R.id.direction);
ArrayAdapter<CharSequence> adapter =
   ArrayAdapter.createFromResource(this,
   R.array.direction,
   android.R.layout.simple_spinner_item);
adapter.setDropDownViewResource(android.R.layout.simple_spinner_
   dropdown_item);
dirSpinner.setAdapter(adapter);
```

这里，R.array.direction 以如下方式在 values 文件夹下的 String.xml 文件中定义。

```
<string-array name="direction">
<item>Forward</item>
<item>Backward</item>
</string-array>
```

现在已经完成了布局定义，并已经将布局追加到 Activity 中了。如果在 Raspberry Pi 3 上运行 Android Things 应用程序，则我们会看到图 5-6 所示的运行结果。

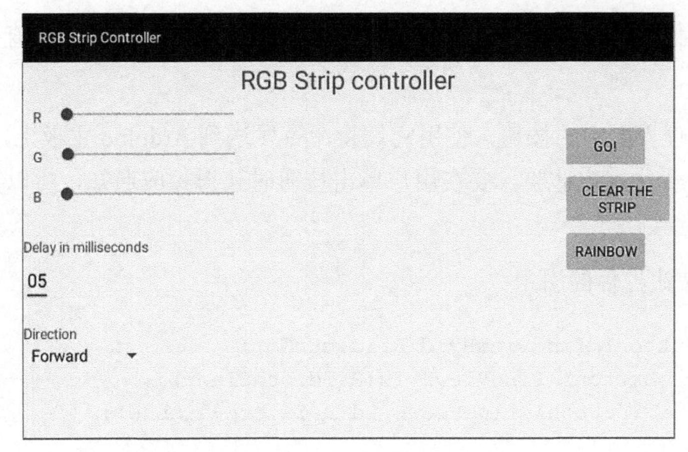

图 5-6 运行结果

接下来，就可以处理 UI 响应事件了。

5.3.3 处理 UI 事件

为了处理用户与控件的交互，需要将一系列监听器追加到相应的控件中。在开发中会用到多种监听器，我们必须根据要监听的事件类型使用正确的监听器。

我们从搜索栏开始。在此应用中，我们希望在条形图中的进度发生变化时得到通知。

（1）找到 MainActivity 中定义的 rBar 属性。

（2）将如下监听器添加到 rBar 中。这里只对 onProgressChanged 方法做了修改，该方法在条形值更改时调用。对于该控件，因为正在处理的是红色搜索栏，所以只需要将当前条形值保存到名为 red 的全局变量中。

```
rBar.setOnSeekBarChangeListener(new SeekBar.OnSeekBarChangeListener()
{
   @Override
   public void onProgressChanged(SeekBar seekBar, int i, boolean b)
   { red = i;
   }
   @Override
   public void onStartTrackingTouch(SeekBar seekBar)
   { }
   @Override
   public void onStopTrackingTouch(SeekBar seekBar)
   { }
});
```

（3）对于其他两个搜索栏，可以复用上面的代码，将绿色值和蓝色值存储在其他两个全局变量中。

（4）开始处理界面中的按钮，使用它们将命令发送到 Arduino 主板上，然后控制 RGB LED 彩带。为了优化用户体验，要在用户单击按钮时获得相应通知，所以要添加相应的监听器。

① 获取对按钮控件的引用。

```
btnGo = (Button) findViewById(R.id.btnGo);
btnClear = (Button) findViewById(R.id.btnClear);
btnRainbow = (Button) findViewById(R.id.btnRainbow);
```

② 对每个按钮添加监听器。对于 btnGo，添加如下监听器。

```
btnGo.setOnClickListener(new View.OnClickListener()
{
   @Override
   public void onClick(View view) {
   // Call the Arduino board services
   }
});
```

（5）为其他两个按钮编写相同的代码。

至此，我们已经可以处理与 Arduino 主板的连接并调用之前提供的服务。

5.4 调用 Arduino 服务

在本节中，我们将学习如何调用 Restful 风格的 Arduino 接口。在本章的项目中，传递的数据是在 Android Things 应用程序的界面中定义的数据，因此要调用相应的服务。虽然第 4 章已经介绍了一个非常简便的 Volley 库，但本章将使用另一个 HTTP 网络请求库——OkHTTP。通过使用该库，你会以一种截然不同的方式来实现网络请求的功能。在以后的项目中，可以根据自己的需求选择最好的方法。具体操作如下。

（1）将本库添加到 build.gradle 文件中。

```
compile 'com.squareup.okhttp3:okhttp:3.6.0'
```

（2）创建一个类来处理与 Arduino 主板的具体通信细节。

（3）创建另一个名为 BoardController.java 的新类。

（4）添加私有构造函数，因为此类必须是单例（singleton）。

```
private BoardController() {
    client = new OkHttpClient();
}
public static BoardController getInstance(){
    if (me == null)
    me = new BoardController();
    return me;
}
```

注意，在构造函数中，初始化了处理 HTTP 连接的库。

（5）创建一个方法，将数据发送到调用 Rest 服务的 Arduino 主板。代码可能看起来很复杂，但其逻辑其实非常简单并遵循以下步骤。

① 将 R、G、B 值转换为十六进制形式。

② 选择要交互的服务。此示例中有 3 种不同的服务，分别是设置彩带颜色，关闭彩带，实现彩虹效果。

③ 发出请求。

```
public void sendData(int func)
{
    (int r, int g, int b, int wait, int dir, int func)
   String hexColor =getHex(r) + getHex(g) + getHex(b);
   String params = Integer.toString(dir) + hexColor + (
     (wait < 10) ? "0" + Integer.toString(wait) :
      Integer.toString(wait)) + "9";
   String url = baseUrl;
switch (func) {
      case 0: url += "fill";
      break;
      case 1: url += "clear";
      break;
      case 2: url += "rainbow"; }
Log.d(TAG, "URL ["+url+"] - Params ["+params+"]");
Request request = new Request.Builder()
```

```
        .url(url + "?params=" + params)
        .build();
    client.newCall(request).enqueue(new Callback() {
        @Override
        public void onFailure( Call call, IOException e)
        {}
        @Override
        public void onResponse(
           Call call, Response response) throws IOException
           {
           Log.d(TAG, "Response ["+response.body().string()+"]");
           }
           });
    }
```

注意，该方法创建了一个带参数（即保存要发送的值的参数）的 URL 来发送请求，该 URL 可用 Arduino 主板的 IP 地址表示。在以上代码中发送 HTTP 请求相当简单，只需要调用 URL 并等待定义回调类的响应即可。

（6）获取应用程序 UI 中定义的参数并将它们发送至 Arduino 服务。

（7）修改追加到按钮中的监听器，可以在单击它们时调用该方法来发送数据。

至此，项目已经完成，可以在系统中控制 Arduino 主板。也可以扩展此项目以处理其他类型的主板。只要提供的服务保持不变，就可以复用 Android Things 应用程序来处理其他 IoT 主板。

以下是向 Arduino 服务发出请求并获得响应时的应用程序日志。

```
URL [http://192.168.1.6/fill] - Params [1803780059]
Response [{"return_value": 1,"id": "", "name":"", "hardware":
"arduino", "connected": true}
```

在前面的示例中，该应用程序通过调用 fill 服务来设置 RGB LED 的颜色。

5.5 实现 Web 界面

当有些设备不支持 UI 或用户不希望创建 UI 的时候，可以提供更简单的 Web 界面。仅通过实现简单的 HTTP Web 服务器，即可在 Android Things 中提供 Web 界面。本节将介绍如何使用 Web 界面来控制 RGB LED 字符串。这种方法的基本思路是创建一个 HTML 页面，用户可以在其中设置值来控制 LED 彩带。要做到这一点，必须遵循以下步骤。

（1）创建 HTTP 服务器以处理传入的请求。

（2）创建一个 HTML 页面，其中包含用于配置 RGB LED 彩带的所有控件。

（3）将 HTTP 服务器嵌入 Android Things 应用程序中。

接下来，描述一下如何做到这一点。

5.5.1 实现简单的 HTTP Web 服务器

要实现一个简单的 HTTP Web 服务器，需要用到一个很有意思的开源库——NanoHttpd（参见 GitHub 网站）。这是一款轻量级 HTTP 服务器，可嵌入其他应用程序中。在这个项目中，NanoHttpd 将会嵌入 Android Things 中。实现 HTTP Web 服务器的步骤如下。

（1）将依赖项添加到 build.gradle 文件中。

（2）创建一个名为 AndroidWebServer.java 的新类。该类不仅处理所有 Web 服务器实现细节，还处理所有传入的请求。

（3）这个类需要继承自 NanoHTTPD。

```
public class AndroidWebServer extends NanoHTTPD {.. }
```

（4）创建一个使用指定端口初始化服务器的构造函数。start( )方法将会启动监听端口中指定端口的 Web 服务器。

```
public AndroidWebServer(int port, Context ctx) {
    super(port);
    this.ctx = ctx;
    try {
        start();
    }
    catch(IOException ioe) {
        Log.e(TAG, "Unable to start the server");
        ioe.printStackTrace();
    }
}
```

（5）重写 serve( )方法来处理传入的各个请求，这里会在其中加入一些非常简单的业务逻辑：如果它们不包含一个名为 action 的参数，那么该类将提供包含控件的 HTML 页面来配置 LED 彩带。如果请求中存在参数 action，则该类将使用 Rest 服务在 Arduino 端调用相应的方法。

```
@Override
public Response serve(IHTTPSession session) {
  Map<String, String> parms = session.getParms();
  String param = parms.get("params");
  String action = parms.get("action");
  String delay = parms.get("delay");
  String r = parms.get("red");
  String g = parms.get("green");
  String b = parms.get("blue");
  String dir = parms.get("dir");
  String content = null;
  if (action == null) {
     content = readFile().toString();
  }
  else {
     Log.d(TAG, "Action ["+action+"]");
     listener.handleCommand(Integer.parseInt(r),
        Integer.parseInt(g),
        Integer.parseInt(b),
        Integer.parseInt(delay),
        Integer.parseInt(dir),
        Integer.parseInt(action));
  }
 return newFixedLengthResponse(content);
}
```

在以上代码中，需要注意以下地方。

- 如果 action 等于 null，则该类读取包含 HTML 内容的文件；否则，它调用一个监听器（传递了从请求链接中提取的参数）。
- Web 服务器已实现完成，下面需要将其嵌入 Android Things 应用程序中。

5.5.2　在 UI 中创建 HTML 页面

在本节中，创建一个 HTML 页面，其中包含所有控件以配置 RGB LED 彩带，就像之前在实现 Android UI 时所做的那样。具体步骤如下。

（1）在 Android Studio 中，在 app 文件夹下创建一个名为 assets 的文件夹。

（2）在 assets 文件夹中，从本书的配套源代码中复制 home.html 文件。assets 文件夹用于存储任意格式文件，如文本文件、音频文件等。该应用程序可以使用 AssetManager 引用它，可以浏览谷歌开发者官网了解更多信息。

（3）实现 HTTP 服务器用于提供 HTML 页面的 readFile( )方法，具体步骤如下。

① 打开 AndroidWebServer.java 类。

② 添加以下方法。该方法读取 home.html，并将其存储在 StringBuffer 中，该缓冲区将作为浏览器请求的响应。

```
private StringBuffer readFile() {
    BufferedReader reader = null;
    StringBuffer buffer = new StringBuffer();
    try {
     reader = new BufferedReader(
       new InputStreamReader
         (ctx.getAssets().open("home.html"), "UTF-8"));
     String mLine;
     while ((mLine = reader.readLine()) != null) {
       buffer.append(mLine);
       buffer.append("\n");
     }
    }
    catch(IOException ioe) {
      ioe.printStackTrace();
    }
    finally {
    // close the reader
    }
  return buffer;
}
```

（4）将 HTTP 服务器嵌入 Android Things 应用程序中。

5.5.3 将 HTTP 服务器嵌入 Android Things 应用程序中

要将 HTTP 服务器嵌入 Android 应用程序中，操作方法非常简单。这里必须启动和停止 Web 服务器，并且需要实现一个监听器以便在用户使用 HTML 页面发送数据时我们能够收到通知。具体操作如下。

（1）打开 MainActivity.java，并以如下方式修改它。这里的 WebserverListener 是一个回

调接口。

```
public class MainActivity extends Activity implements
AndroidWebServer.WebserverListener { ... }
```

（2）在 onCreate 方法中，添加以下行，用来检查 Android Things 主板的类型。如果该主板不支持 UI，则应用程序将会启动 Web 服务器。

```
if (Boards.enableWebserver()) {
   aws = new AndroidWebServer(8180, this);
   aws.setListener(this);
}
```

（3）当需要控制 RGB LED 彩带时，该应用程序实现 AndroidWebServer 类调用的回调方法。在该方法中，只需要将数据发送到 BoardController，然后调用 Arduino 服务。

```
@Override
public void handleCommand(int r, int g, int b, int delay, int dir, int func)
{
   BoardController.getInstance().sendData(r, g, b, delay, dir, func);
}
```

（4）要测试实现的应用程序，可以打开浏览器并调用 Web 服务器 URL。

（5）Android Things 应用程序将会创建一个网页，用来配置 RGB LED 彩带。Web 界面如图 5-7 所示。操作网页中显示的控件，可以达到与使用 Android UI 时相同的效果。

图 5-7 Web 界面

5.6　本章小结

本章介绍了如何使用 Android Things 作为网关来控制与 Android Things 系统不兼容的其他 IoT 主板，讨论了如何设置主/从架构，其中 Android Things 将充当主机和前端的主板。第 6 章将探究如何在 IoT 项目中使用 MQTT 协议及如何在 Android Things 中使用 MQTT。

第6章 远程气象站

本章将探究如何构建使用多个传感器获取天气信息的远程气象站。该 IoT 项目将使用 Android Things 主板和几个通过 MQTT 协议连接到 Android Things 的 IoT 主板。通过该项目，我们将学习如何在这些不同设备之间交换数据，这通常称作机器对机器（Machine to Machine，M2M）通信，这是 IoT 生态系统中的一个重要概念。M2M 包括了能使设备相互通信的所有技术。另外，本章将重点介绍 MQTT 协议并学习如何在实际的 IoT 项目中使用它。

本章内容如下：

- M2M 架构和 MQTT 协议；
- 在 Android Things 中使用 MQTT 协议；
- 获取和流式传输实时数据。

在开始之前，有必要先简单介绍一下远程气象站这个 IoT 项目，以便更好地理解 M2M 架构和 MQTT 协议的作用。

6.1 远程气象站项目描述

在本章中，我们会构建一个 Android Things 远程气象站，它需要从连接到多个 IoT 主板的远程传感器获取数据。在这个项目中，Android Things 主板用来充当 MQTT 客户端，收集来自远程传感器的数据并通过 UI 将数据可视化。在这种情况下，传感器并没有实际连接到 Android Things 主板，而由其他不兼容 Android Things 的主板管理。然而，这些 IoT 主板仍可使用 MQTT 与 Android Things 交换数据。6.2 节将详细介绍 MQTT 协议及在项目如何使用它，目前，我们只需要知道 MQTT 是一种广泛用于 M2M 通信的轻量级协议。

图 6-1 展示了该项目的基本架构。

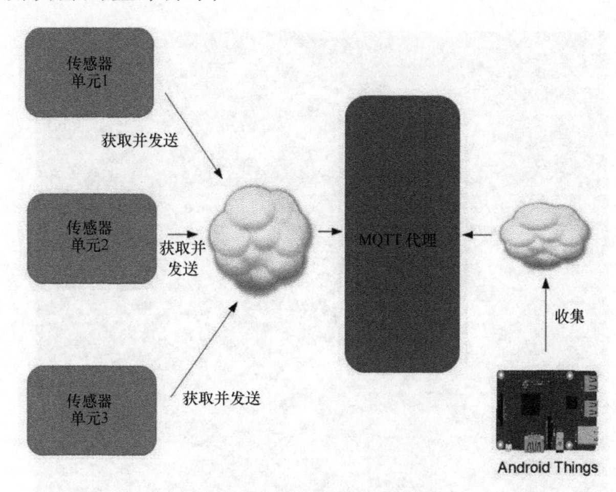

图 6-1 项目的基本架构

该项目模拟了将传感器和 IoT 主板放置在远离我们的地方收集并分析数据的一个场景。这个项目架构也可以应用到其他类型的场景。这是一种典型的 M2M 架构，数据从源（传感器和 IoT 主板）传播到目的地（Android Things 应用程序），各个部分都不需要人工操作。

先介绍一下这个项目中使用的主要组件。

项目组件

在深入研究项目细节及如何使用 MQTT 协议交换数据之前，有必要概述一下这个项目中使用的一些组件和传感器。

- Wemos D1 mini（充当传感器单元管理器），如图 6-2 所示。这是一款基于 ESP8266 芯片的开发板，内置 Wi-Fi 模块。该项目使用该开发板来管理一组传感器，从而获取数据。

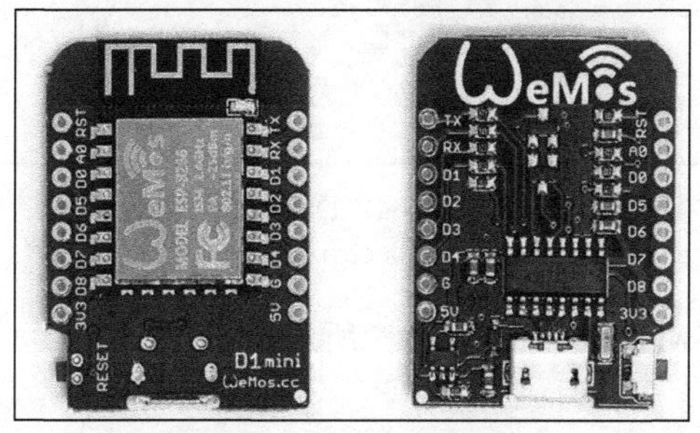

图 6-2 Wemos D1 mini
（图片源自 Wemos 网站）

- 压力传感器BMP280，如图6-3所示，我们已经在第3章中使用过它。

图6-3 BMP280
（图片源自Adafruit网站）

- 温度和湿度传感器DHT11，如图6-4所示，用于测量温度和湿度。

图6-4 DHT11
（图片源自Electro Dragon网站）

- 环境光传感器TEMT6000，如图6-5所示。

图 6-5 TEMT6000
（图片源自 Sparkfun 网站）

除了这些组件之外，该项目还使用了两个 IoT 主板——Arduino MKR 1000 和 Raspberry Pi 2。

Arduino MKR1000 管理另一组传感器（传感器单元 2），它们测量除亮度外的其他相同物理量。Raspberry Pi 2 将充当两个传感器单元（Wemos 和 MKR 1000）与 Android Things 主板之间的代理。下一节会详细介绍这些装置。

6.2 M2M 架构和 MQTT 协议

前面已经介绍了如何从连接到 Android Things 主板的传感器获取数据，以及如何使用 Android Things 主板来管理与 Android Things 不兼容的远程 IoT 主板。另外，我们还能够使用 Android Things 主板基于 IoT 云平台将数据发送到云端。其实，还需要考虑如何在 M2M 架构中使用 Android Things 及 MQTT 协议在此架构中扮演的角色。

除了是 IoT 中的新兴产物之外，M2M 还是工业 IoT（Industrial Internet of Things，IIoT）中的新兴产物。M2M 主要关注的是机器在交换数据时如何相互通信。也就是说，M2M 是机器实现“端对端”这一技术的统称，同时也包括所有不需要人工干预而实现的数据通信的无线网络。机器（或对象）自身能够与其他机器交换数据，这一点非常重要，因此 M2M 拓展了一些新的应用场景，例如：

- 遥测（telemetry）；
- 实时故障通知；
- 远程机器状态控制；

- 实时数据采集。

在上述的场景中，MQTT协议发挥了重要作用。我们有必要了解MQTT协议的工作原理，这样才能在IoT项目中充分利用它的功能。下一节将详细介绍MQTT协议并在IoT项目中实现它。

6.2.1 MQTT协议概述

消息队列遥测传输（Message Queue Telemetry Transport，MQTT）协议是一种基于消息的轻量级协议，它广泛用于涉及M2M数据交换技术的IoT项目中。它在1999年左右发布，现在已经成为OASIS标准协议。该协议非常容易使用和实现，它的设计目标是使通信开销变得更小。MQTT协议适用于存在网络带宽限制的M2M通信。在撰写本书时，MQTT协议的最新版本为3.1，该协议的开放性及其特性大大推动了MQTT协议的应用。此外，MQTT协议针对不同设备和平台提供多种开源实现，也提供了广泛的可选项，一些IoT云平台已采用它作为从IoT主板传输信息的标准协议。

MQTT协议可以在很多项目中发挥出它的优势，其中消息传递是主要场景，而它在网络传输中有时并不可靠。通常来说，MQTT协议主要应用在IoT生态系统中，但它并不仅限于此。还有其他非常适合集成MQTT功能的场景，如智能手机、平板电脑或其他各个设备之间的数据交换。以下是几个应用MQTT协议的常见用例：

- 遥测；
- 通知系统；
- 智能家居。

当使用MQTT协议时需要考虑的一个重要因素是该协议是一个明文的协议。也就是说，MQTT协议本身并没有实现安全机制。

之后将介绍MQTT协议在安全方面的考虑。

1. MQTT消息详解

MQTT协议是一种以消息为中心的协议，也就是说，参与数据交换过程的客户端可以用它发送和接收消息。MQTT协议基于发布/订阅者模式。图6-6展示了其中各参与者之间的交互方式。

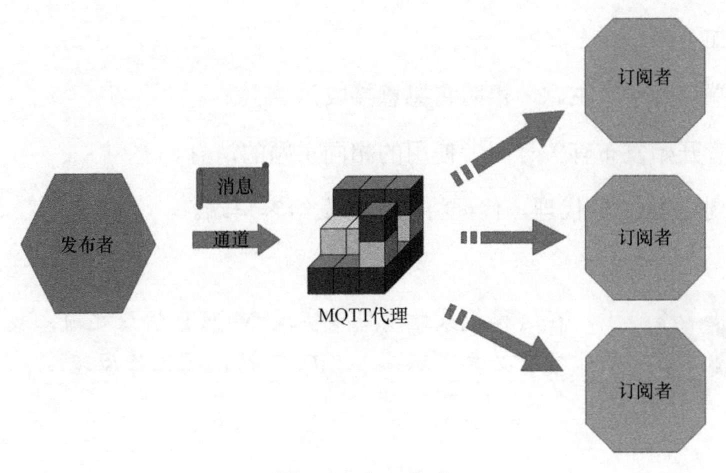

图 6-6 交互方式

在 MQTT 中，消息交换过程涉及 3 个主要参与者。

- **发布者**（publisher）：生成消息的设备，它是信息的来源。在该项目中，至少需要两个发布者，它们是从传感器获取数据并发送数据的 IoT 主板。
- **MQTT 代理**（MQTT broker）：这是一个相当关键的部分，能够将消息以流的形式从发布者传输到订阅者。它充当调度程序，负责从发布者接收消息并将其转发给订阅者。
- **订阅者**（subscriber）：等待接收来自发布者的消息的设备/客户端。在 IoT 项目中，Android Things 主板充当订阅者。

MQTT 代理使用主题（topic）来筛选订阅者，订阅者负责接收来自发布者的消息。主题是发布者和订阅者之间的虚拟通道。在 MQTT 环境中，主题可用一个 UTF-8 字符串表示。主题可以组合在一起，组合方式与管理文件夹和子文件夹的方式相同。

消息交换过程的主要步骤如图 6-7 所示。

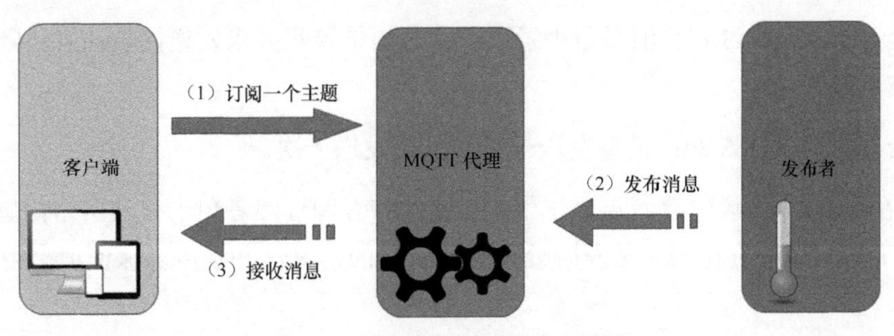

图 6-7 消息交换过程的主要步骤

主要步骤如下。

（1）客户端订阅一个主题，声明它愿意接收消息。

（2）发布者开始发布有关订阅者使用的相同主题的消息。

（3）消息到达 MQTT 代理，代理将它们转发给客户端。

在远程气象站项目中实现 MQTT 协议之前，我们非常有必要了解一下 MQTT 协议的工作原理。

MQTT 协议实现的消息体系结构有以下几个优点。

- 它将信息来源与接收者分离。订阅者和发布者彼此并不直接通信，仅使用代理来发送和接收消息。
- 它在时间上将发布者和订阅者分离开来。当发布者发送消息时，订阅者不一定处于启动和连接的状态。消息发送过程和接收过程都是非阻塞操作。

2. 安全性和 QoS

MQTT 协议并没有内置的安全机制，且其交换的消息是明文的。为了简化这个过程，MQTT 协议可依赖现有的安全机制和技术。解决此问题的常用方法是使用安全传输层。可以实现类似消息加密的安全机制。如果使用 MQTT 协议的场景具有安全性要求，这一点非常重要。

最后需要介绍的是 MQTT 协议中的服务质量（Quality of Service，QoS）。MQTT 协议支持 3 级 QoS。

- 至多一次（QoS 0）：消息最多发送一次或不发送。
- 至少一次（QoS 1）：消息至少发送一次。如果接收方未发送确认消息，则再次发送该消息。
- 恰好一次（QoS 2）：消息发送一次并且仅发送一次。

QoS 在 MQTT 协议中起着重要作用，它使发布者和订阅者免于处理网络问题。也就是说，MQTT 协议是在存在网络故障时处理重传尝试的协议，并且可以保证消息得到传递。

6.2.2 在远程气象站中使用 MQTT 协议

现在可以深入研究项目的细节了，这里需要考虑传感器和 IoT 主板如何与 Android Things 主板交换数据。该项目主要有两个部分。

- IoT 主板，负责管理传感器和获取数据。
- Android Things 主板，用于收集数据。

在 MQTT 架构模型中，IoT 主板充当发布者，负责将传感器数据发布到 MQTT 通道中，而 Android Things 主板是接收 IoT 主板发布的数据的订阅者。此项目中使用的每个 IoT 主板都使用特定渠道发布数据，Android Things 应用程序据此可以知道数据的来源。

我们需要清楚地了解这些组件及其 MQTT 角色，如表 6-1 所示。

表 6-1 组件及其 MQTT 角色

组件	MQTT 角色
Wemos D1（ESP8266）	发布者（主题是 channel1）
Arduino MKR1000	发布者（主题是 channel2）
Raspberry Pi 2	服务器
Raspberry Pi 3/Intel Edison（Android Things）	订阅者

本章末尾将介绍如何在 Raspberry Pi 2 上安装 MQTT 服务器。目前，我们只需要知道该项目使用 Mosquitto 服务器。

1. 实现 MQTT 发布者

使用 Wemos D1 mini（或任何兼容的 ESP8266 板）从传感器读取数据，并将其发布到 MQTT 主题上。该项目主要测量以下物理量：

- 湿度；
- 温度；
- 压强；
- 亮度。

图6-8展示了传感器的连接方式。

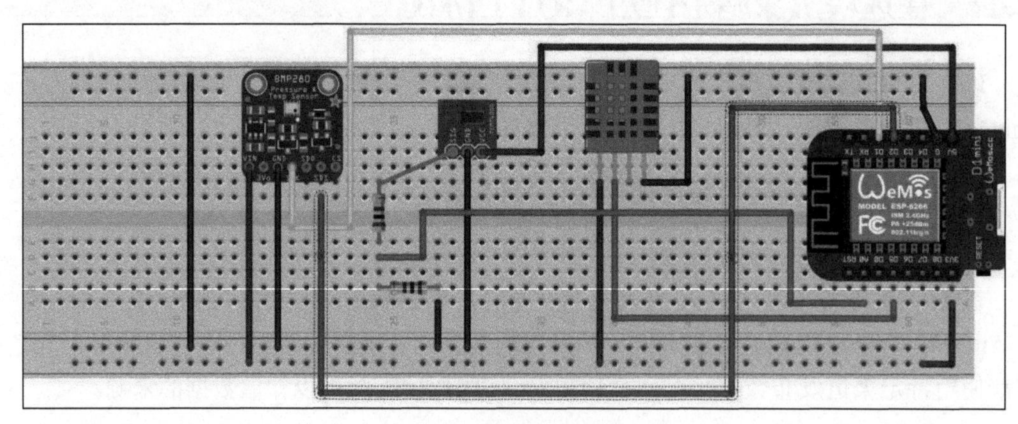

图6-8 传感器的连接方式

连接方式非常简单。

- DHT11的数据引脚连接到D5引脚，而Vcc连接到+3.3V。
- 用来测量压力的BMP280是一个I^2C传感器，它有4个引脚，分别如下。
  - Vcc连接到+3.3V。
  - 时钟信号连接到D1引脚。
  - 数据信号连接到D2引脚。
  - GND连接到公共地。
- TEMT6000是一个模拟传感器，使用+5V电压供电。在输出端，使用分压器，使输出信号始终低于3.3 V。

要开发草图项目，需要一个支持Wemos的Arduino IDE。要了解更多信息，可参见Wemos网站。

配置完IDE后，就可以开始编码了。

（1）打开一个新草图并添加以下行。

```
#include "Adafruit_Sensor.h"
#include <DHT.h>
```

```
#include <ESP8266WiFi.h>
#include <Adafruit_BMP280.h>
```

注意，此项目要求安装一些相关库来管理前面描述的传感器。为此，可以使用 Arduino 库管理器。

（2）添加以下常量来保存 Wi-Fi 配置参数。

```
const char* ssid = "your_SSID";
const char* pwd = "your WiFi password";
```

（3）定义 DHT 类型（本项目中的 DHT11）和用于连接传感器的引脚。另外，定义用于连接环境光传感器的引脚。

```
#define DHTPIN D5
#define DHTTYPE DHT11
#define TEMTPIN A0
```

（4）初始化草图并配置 Wi-Fi 连接。

```
WiFiClient client;
DHT dht(DHTPIN, DHTTYPE);
Adafruit_BMP280 bme; void setup() {
   Serial.begin(115200);
   dht.begin();
   WiFi.begin(ssid, pwd);
   Serial.println("Connecting
   to Wifi...");
   while (WiFi.status() != WL_CONNECTED) {
     Serial.println(".."); delay(400);
   }
   bme.begin();
   Serial.println("Wifi connected.");
}
```

（5）从传感器读取数据。

```
void loop() {
   float h = dht.readHumidity();
   float t = dht.readTemperature();
```

```
    float press = bme.readPressure() / 100;
    int lightVal = analogRead(TEMTPIN) * 0.9765625;
    delay(5000);
}
```

现在，已经开发了草图，处理了传感器，并能够从中读取数据。下一步，将通过 MQTT 协议将这些信息发送出去。

2. 连接 MQTT 并发送数据

在本节中，连接 MQTT 服务器并将数据发布到对应的 MQTT 主题中。此模块使用名为 channel1 的主题，数据使用 JSON 格式发布以便 MQTT 订阅者可以方便地检索和解析数据。要在项目中使用 MQTT 协议，必须选择导入一个能够简化开发过程的第三方库。目前，开源社区中有几个常用的 MQTT 库，它们的原理基本相同，因此可以使用它们中的任意一个。这个项目中，由于使用 PubSubClient，因此需要在依赖项中导入该库。

现在，修改前面描述的草图，添加发布功能。为此，请按照下列步骤操作。

（1）在头部添加如下行。

```
#include <PubSubClient.h>
```

（2）设置 MQTT 的发布者。注意，mqttClient 以处理 Wi-Fi 连接的客户端作为参数。

```
PubSubClient mqttClient(client);
```

（3）定义了客户端之后，需要配置连接的其他信息，如服务器地址和端口。因此，添加以下行。在 setup 方法中调用 initMQTT( )。

```
void initMQTT() {
    mqttClient.setServer(mqtt_server, 1883);
}
```

（4）发布消息。我们希望使用 JSON 格式发布数据以便订阅者可以轻松地解析数据。在 loop( )方法中，在从传感器读取数据的行之后添加以下行。

```
String payload="{"temp":"" + String(t) + "",
   "hum":"" + String(h) + "", "press": "" +
   String(press) +"", "light":"" + String(lightVal)
   + ""}";
mqttClient.publish(topic, payload.c_str());
```

注意，草图会通过相应的主题发布数据，在这里，主题是 channel1。

至此，我们已经实现了第一个准备发送数据的 MQTT 发布者。

该项目使用了另一个基于 MKR 1000 的 MQTT 发布者。可以在配套的源代码中找到相关代码。

3. 使用 Android Things 实现 MQTT 订阅者

现在可以使用 Android Things 实现 MQTT 订阅者了。MQTT 订阅者可以订阅相应的主题并在每次发布者发布有关该主题的数据时接收消息。也就是说，可以使用 Android Things 应用程序接收来自外部远程传感器的数据。为此，可以使用一个能够处理 MQTT 协议的第三方库。即使几个 Java 库已经完全可以在 Android 中使用并在移动平台中进行了一些调整，我们也希望选择一个已经完美支持 Android 的 Java 库。在这个 IoT 项目中，使用 Eclipse Paho。这是由 Eclipse 社区维护的一个开源项目，该库主要有以下优点。

- 项目稳定。
- 开发文档丰富、完整。
- 支持原生 Android。

我们开始实现 MQTT 订阅者。在对订阅者进行编码之前，需要重新创建一个 Android Things 项目，复制 Android Things GitHub 存储库当中的代码（第 1 章中实现的代码模板）。准备好项目后，将 Paho 库添加到项目中。具体操作如下。

（1）打开项目的 build.gradle 文件，并将 repository 标签的内容替换为以下代码。

```
repositories { jcenter() mavenCentral()
}
```

（2）在 app 文件夹中打开 build.gradle，并添加如下依赖项。

```
Compile
'org.eclipse.paho:org.eclipse.paho.client.mqttv3:1.0.2'
compile'org.eclipse.paho:org.eclipse.paho.android.serv ice:1.0.2'
```

现在就可以开始使用 Paho 库了。首先，实现一个处理 MQTT 协议和服务器通信细节的类。为此，创建一个名为 MQTTClient.java 的新类，并按照以下步骤操作。

（1）创建一个私有构造函数。

```
private MQTTClient(Context ctx) {
   this.ctx = ctx;
}
```

（2）创建一个获取类实例的方法（单例模式）。

```
public static final MQTTClient getInstance(Context ctx) {
   if (me == null) me = new MQTTClient(ctx);
   return me;
}
```

（3）在该类中，使用 MqttAndroidClient 使 Android 应用程序能够与 MQTT 服务器交换数据。在与服务器通信时，此类使用非阻塞方法。在项目中，该类使用 Android Service 与 MQTT 服务器进行交互，因此创建一个初始化与服务器连接的新方法。

```
public void connectToMQTT() {
   ...
}
```

（4）在这个方法中，创建 MqttAndroidClient 的一个实例。

```
String clientId = MqttClient.generateClientId();
mqttClient = new MqttAndroidClient(ctx, MQTT_SERVER, clientId);
```

（5）在连接到服务器之前，需要创建客户端的唯一 ID。MQTT_SERVER 用于定义服务器地址。

（6）连接服务器。要接受连接期间发生的事件，需要添加一个监听器。通过这种方式在建立连接或发生错误时获取相应通知。以下代码显示了如何执行此操作。以下代码中有两个回调方法：一个为 onSuccess，在建立连接成功时调用；另一个为 onFailure，在出现错误时调用。可以使用这两种方法来通知 MainActivity 连接的状态。

```
try {
   IMqttToken mqttToken = mqttClient.connect();
   mqttToken.setActionCallback(new IMqttActionListener()
   {
      @Override
      public void onSuccess(ImqttToken asyncActionToken)
```

```
        {
            Log.i(TAG, "Connected to MQTT server"); }
        @Override
    public void onFailure(IMqttToken asyncActionToken, Throwable exception)
    {
        Log.e(TAG, "Failure");
        exception.printStackTrace();
    }});
}
catch (MqttException mqe) {
    Log.e(TAG, "Unable to connect to MQTT Server");
    mqe.printStackTrace();
}
```

（7）为了接收来自发布者的消息，需要订阅其中的一个或多个主题。为此，需要实现另一个方法，应用程序要使用它来订阅 MQTT 主题。如同上一步的操作一样，创建另一个方法并添加监听器。该方法与上一种方法非常相似。我们需要回调方法来通知订阅过程。一个重要的地方需要注意，在订阅 MQTT 主题的开始，在方法 mqttClient.subscribe( )中，程序使用 1 作为参数，这表示前面描述的 QoS。

```
public void subscribe(final String topic) {
 try {
    IMqttToken subToken = mqttClient.subscribe(topic, 1);
    subToken.setActionCallback(new IMqttActionListener()
    {
        @Override public void onSuccess(ImqttToken
        asyncActionToken) {
            Log.d(TAG, "Subscribed to topic ["+topic+"]");
        }
        @Override
        public void onFailure(ImqttToken asyncActionToken, Throwable exception)
        {
            Log.e(TAG, "Error while subscribing to the
            topic ["+topic+"]");
            exception.printStackTrace();
        }
    });
    // Subscribe to other topic
    }
    catch (MqttException e) { e.printStackTrace(); }
}
```

（8）此 MQTTClient Java 类还需完成另外两项任务：

- 接收传入的消息；
- 在 MQTT 连接事件和传入消息时通知调用者。

（9）要从发布者接收消息，类必须实现回调接口。为此，继续按照下列步骤操作。

（10）在开头添加以下行。

```
public class MQTTClient implements MqttCallback {
   ...
}
```

（11）MqttCallback 接口要求实现几种方法，其中一个用于通知传入的消息。以下面的方式实现这个方法。

```
@Override
public void messageArrived(String topic,
MqttMessage message) throws Exception
{
   Log.d(TAG, "Message arrived...");
   String payload = new String(message.getPayload());
   .....
}
```

（12）可以使用以下回调方法来处理其他事件。下面的代码仅使用一个空实现重写了这些方法。第一个方法 connectionLost 在连接不可用时调用，可以使用此方法尝试重新连接到服务器。

```
@Override
public void connectionLost(Throwable cause) {
}
@Override
public void deliveryComplete(IMqttDeliveryToken token) {
}
```

（13）MQTTClient 类必须提供一组回调方法来通知调用者有关 MQTT 事件的消息。为此，可以使用与要通知的事件相关的方法创建一个简单的接口。

```
public interface MQTTListener { public void onConnected();
   public void onConnectionFailure(Throwable t);
```

```
    public void onMessage(String topic, MqttMessage message); public
    void onError(MqttException mqe);
}
```

至此，MQTT 订阅者处理程序类已实现。

6.2.3 实现 Android Things 的 Activity

在本节中，将在 Android Things 中实现显示结果的 Activity。这个类可通过 MQTTClient 处理 MQTT 协议的相关事件并以某种方式向用户显示结果。要执行此操作，先打开 MainActivity.java，并添加以下内容。

（1）在开头添加 private MQTTClient mqttClient 行。

（2）添加 initMQTT( )方法，开启 MQTT 连接过程和相关事件处理。

```
private void initMQTT() {
    mqttClient = MQTTClient.getInstance(this);
    mqttClient.setListener(this);
    mqttClient.connectToMQTT();
}
```

（3）在此方法中，使用前一段中定义的接口将 MainActivity 设置为 MQTT 事件的监听器。为此，需要修改 MainActivity 并使其实现 MQTTListener 接口。

```
public class MainActivity extends Activity
implements MQTTClient.MQTTListener {
    ...
}
```

（4）在 initMQTT( )内部实现 MQTTListener 接口所需的所有方法。这里主要关注其中两个比较重要的方法。其中一个方法是在建立连接时调用的 onConnected()方法，在该方法中订阅相应的主题。

```
@Override
public void onConnected() {
    mqttClient.subscribe("channel1");
    mqttClient.subscribe("channel2");
}
```

另一个方法是当发布者发布消息时用来处理传入消息的回调方法。

```
@Override
public void onMessage(String topic, MqttMessage message)
```

```
{
// Extract the message and update the view
}
```

此方法可以更新应用程序用户界面来显示传入的数据。在该项目，需要使用 JSON 解析消息并提取数据。

（5）测试所有已经完成组件是否有效及它们是否交换信息。假设已经安装了 MQTT 服务器（因为暂时还没有介绍其相关内容），本章最后将具体介绍如何实现这项功能。

在 Wemos D1 和 MKR1000 以及 Android Things 应用程序上运行之前，必须正确配置 MQTT 服务器的 IP 地址。

（6）运行所有组件。图 6-9 展示了 Android Things 应用程序的 UI，其中显示了在 channel1 主题下读取的传感器值。

图 6-9 Android Things 应用程序的 UI

应用程序日志相应地显示连接过程和传入的消息。

```
D/MQTTClient: Connecting to MQTT Server.. D/MQTTClient: Client
Id [paho1239264799162] I/MQTTClient: Connected to MQTT server
D/MQTTClient: Subscribed to topic [channel1]
D/MQTTClient: Payload [{"temp":"26.00", "hum":"36.00", "press":
"993.06", "light":"93"}] D/MainActivity: Parsing message...
D/MainActivity: Payload [{"temp":"26.00", "hum":"36.00",
"press": "993.06", "light":"93"}]
```

在日志中，我们可以清晰地看到把 MQTTClient 处理的传入消息事件传递到 Activity，该 Activity 解析消息负载并更新 UI。此外，也可以跟踪传递到 MQTT 服务器的消息。

如果使用的是 Mosquitto，则按照以下步骤操作。

（1）连接到 Raspberry Pi 2（如使用远程桌面）。

（2）打开终端并输入以下命令。

```
mosquitto_sub -d -t channel1
```

（3）通过这种方式，订阅 Android Things 用于接收消息的相同主题。现在等待发布者开始发送消息，继而会看到到达服务器的消息。

图 6-10 展示了之前在 Android Things UI 中显示的同样消息。

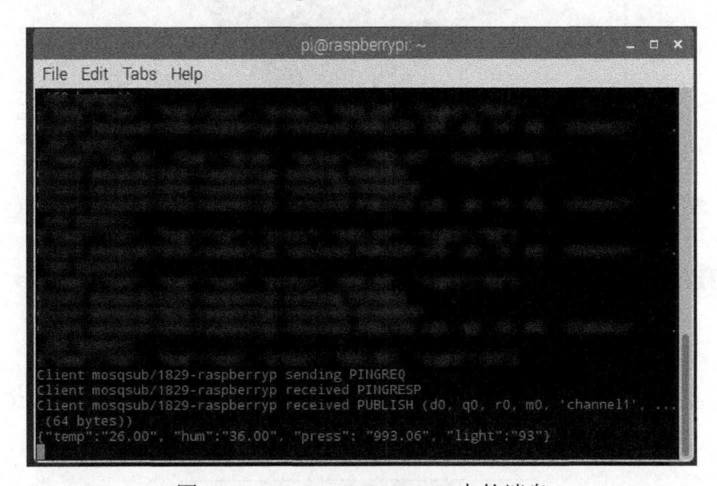

图 6-10　Android Things UI 中的消息

在这里，还可以看到来自发布者的完整 JSON 消息。

6.2.4　使用 OLED 显示器显示信息

目前，已可以使用 Android Things UI 显示来自发布者的信息。并非所有 Android Things 兼容的主板都支持 UI。出于这个原因，我们需要使用另一种方法来显示信息。第 5 章介绍了如何实现一个简单的 Web 服务器来利用 Web 界面与 Android Things 应用程序进行交互。在本章的项目中，用户不需要与应用程序的界面直接进行交互，Android Things 应用程序只用来显示结果，为此，可以使用 OLED 显示器。

OLED 是一种有机发光二极管（organic light-emitting diode）。此装置可以连接到 Android Things 主板，程序可以控制它。这个项目中使用的显示器非常小。当然，为了满足项目需求，也可以使用更大的显示器。图 6-11 展示了 SSD1306 OLED 显示器。该项目还需使用 I^2C 协议。

图 6-11 SSD1306 OLED 显示器

（图片源自 ElectroDragon 网站）

6.2.5 将 OLED 显示器连接到 Android Things 主板

在本节中，将 OLED 显示器连接到 Android Things 主板。在该项目中，Android Things 主板使用 Raspberry Pi 3 或 Intel Edison。图 6-12 展示了如何将 OLED I^2C 显示器连接到 Raspberry Pi 3。

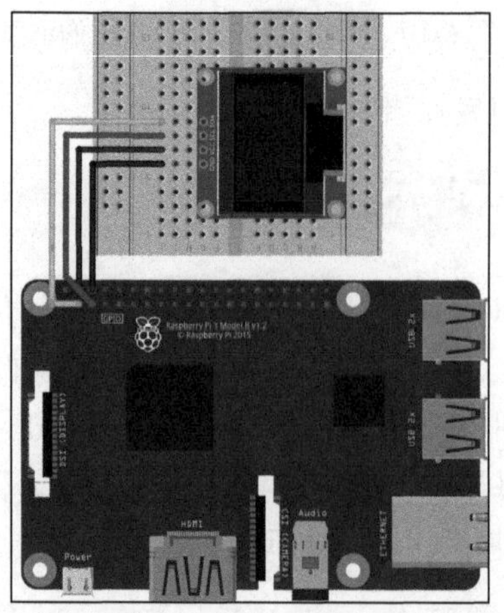

图 6-12 OLED I^2C 显示器与 Raspberry Pi 3 的连接

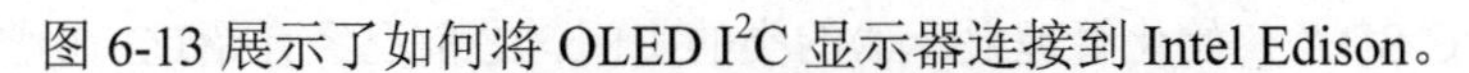

图 6-13 展示了如何将 OLED I²C 显示器连接到 Intel Edison。

图 6-13　OLED I²C 显示器与 Intel Edison 的连接

一旦连接成功，就可以使用此外围设备。

（1）将相应库导入项目，在 app 文件夹下的 build.gradle 文件中声明依赖项。打开此文件，在 dependencies 指令中添加以下行。

```
\compile 'com.google.android.things.
contrib:driver-ssd1306:0.2'
```

（2）创建一个新类，用于在显示器上写入信息，将此类命名为 DisplayManager.java。

（3）将以下代码添加到新类中。

```
private Ssd1306 display;
private Handler h = new Handler();
public DisplayManager() {
   try {
      display = new Ssd1306(getI2CPin());
      display.clearPixels();
   }
   catch(Exception e) {
      e.printStackTrace();
   }
}
```

（4）使用引脚名称 I^2C SDA 初始化管理显示器的类的实例。之前已经介绍过，引脚名称在不同的 Android Things 主板中各不相同。因此，在前面的代码中需要使用 getI2CPin() 方法，该方法可根据板类型返回引脚的名称。

（5）实现在显示器上写入消息的方法，可以看一下 Ssd1306 类，它只有执行以下几个基本任务的类似方法。

- 写一个像素。
- 打开和关闭显示器。
- 滚动。
- 清屏。
- 获取屏幕的宽度和高度。

（6）我们无法在显示器上显示人工打开像素的信息。然而，BitmapHelper 类可以帮助我们在显示器上展示图像。我们希望使用 Android Things 图形 API 创建一个位图，该位图保存要写入的消息，然后将其发送到显示器。因此，这里创建一个用于新建位图的方法，将它命名为 displayMessage。

```
int width = display.getLcdWidth();
int height = display.getLcdHeight();
Bitmap b = Bitmap.createBitmap(width, height,
Bitmap.Config.ARGB_8888);
```

（7）配置 Paint 类，用于处理将要显示的消息的样式和颜色。

```
Paint p = new Paint(Paint.ANTI_ALIAS_FLAG);
p.setTextSize(size);p.setColor(color)
p.setTextAlign(Paint.Align.LEFT);
```

其中，size 和 color 是方法接受的参数。此外，该方法还设置了消息内容左对齐。

（8）如 Android 文档所述，创建一个 Canvas。

```
Canvas c = new Canvas(b);
```

其中，b 是在步骤（6）中配置的位图。下面使用先前定义的样式和颜色来填入消息。

```
c.drawText(msg, 0, 0.5f * height, p);
```

（9）调用 BitmapHelper 传递刚刚创建的位图，其中包含要显示的全部消息。

```
BitmapHelper.setBmpData(display, 0, 0, b, true);
```

（10）这里需要考虑的是我们不希望创建位图的这个过程阻塞应用程序，因此，使用 Runnable 类创建一个新的线程来执行前面介绍的所有步骤。为此，用 displayMessage( )方法修改代码。

```
public void displayMessage(final String msg, final int size, final int
color)
{
  Runnable r = new Runnable() {
    @Override public void run() {
      // All the code used above to display the message
    };
  }
  h.post(r);
}
```

这里，h 是 Handler 类的一个实例。

6.3　安装 MQTT 服务器

这个比较复杂的 IoT 项目的最后一步是安装 MQTT 服务器。这是在发布者和订阅者之间搭建的桥梁。这个步骤不是本章的主要关注点，但重要的是要知道如何做到这一点以便我们能够深入了解 MQTT 及使用 MQTT 协议实现交换数据的 IoT 生态系统。IoT 项目使用开源的 Mosquitto 作为 MQTT 代理，它有多个版本，可以在不同的操作系统上运行。可以在其官网中找到有关该系统支持的平台的更多信息。这里使用 Raspberry Pi 2，用户也可以根据自己的需要使用喜欢的版本。

1．安装 MQTT 代理

要安装 MQTT 代理，需要先连接到 Raspberry Pi 2，并按照以下步骤操作。

（1）添加一个存放应用程序的存储库。在执行此操作之前，必须添加密钥来对存储库进行身份验证。

```
wget ***repo.mosquitto ***/debian/mosquitto-repo.gpg.key
```

（2）导入密钥。

```
sudo apt-key add mosquitto-repo.gpg.key
```

（3）添加.list 文件。

```
sudo wget
***repo.mosquitto***/debian/mosquitto-wheezy.list
```

（4）配置存储库，下载并安装应用程序。

```
apt-get install mosquitto
```

安装完成后，便可以使用已连接设备的 MQTT 代理。此外，要完成安装，也可以添加客户端库以便可以测试安装或创建订阅者/发布者。执行以下步骤安装客户端。

```
apt-get install mosquitto-clients
```

现在，可以测试安装过程来验证是否一切正常。图 6-14 展示了 ps 命令的运行结果，其中显示了 Mosquitto 进程正在运行。

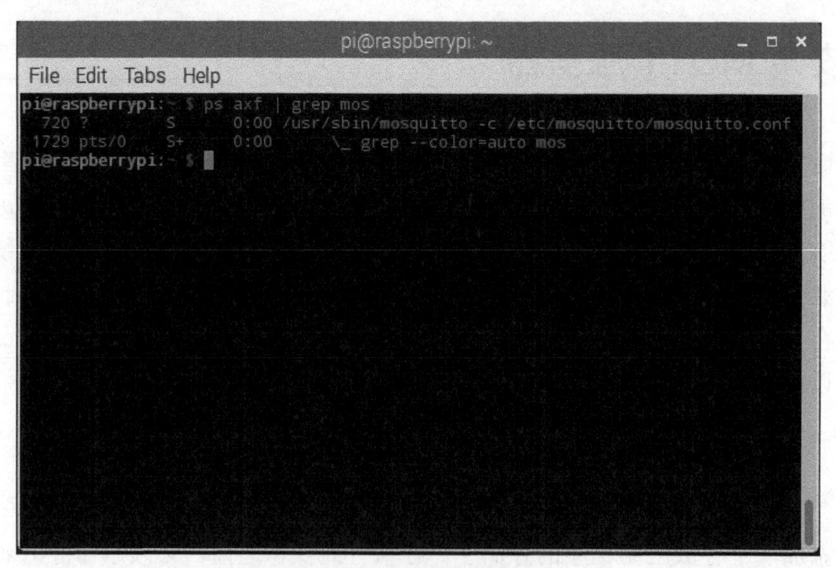

图 6-14 ps 命令的运行结果

注意，Mosquitto 使用了配置文件 mosquitto.conf。

2. 配置 MQTT 代理

刚刚完成的安装过程使用的参数是默认参数。我们也可以根据需要配置自定义的 MQTT 代理，因此需要修改 mosquitto.conf，即配置文件。在该文件中，可以更改相应的几个参数。在 Mosquitto 官网也可以找到配置的详细信息，例如，可以更改服务器用于监听传入的连接的 IP 地址或端口。这两个属性分别如下。

- bind_address address：用于设置服务器监听传入的连接的 IP 地址。
- listener port：用于监听的端口。

6.4 本章小结

本章介绍了 MQTT 协议的相关概念。前面已经介绍了如何构建一个使用异构组件来完成的复杂 IoT 系统，如何开发一个远程采集数据并能够通过 MQTT 将其发送到 Android Things 主板的远程气象站。本章还介绍了 M2M 的概念。第 7 章将讲述如何使用脉冲宽度调制（Pulse Width Modulation，PWM）来控制使用 Android Things 的伺服电动机及如何使用摄像机来获取图像。

第 7 章
开发一个间谍眼

在本章中，我们将完整开发一个间谍眼项目。项目主要使用 Android Things 主板来控制摄像机，其中会用到一个可以旋转摄像机的伺服电动机。通过这个项目，我们将学习如何使用脉冲宽度调制（PWM）引脚。PWM 引脚有别于其他引脚，可以用来控制各种类型的外围设备，如该项目中的伺服电动机。

本章内容如下：

- 如何在 Android Things 中使用 PWM 引脚；
- 如何控制伺服电动机；
- 如何使用摄像机。

完成本章的项目，我们将能够独立开发一个使用摄像机获取图像的 Android Things 系统，同时能够使用伺服电动机控制摄像机的方向。

7.1 间谍眼项目概述

按照惯例，在深入研究项目细节之前，我们简单介绍一下该项目。这里需要先了解想要构建的项目的大体框架及它的工作方式。这个项目的基本原理是在摄像机底座上使用伺服电动机，将摄像机和电动机连接在一起，当 Android Things 应用程序控制旋转电动机时，摄像机方向随之更改。需要说明的一点是，伺服电动机是一种比较特殊的电动机类型，可以根据其角位移精确控制它。

图 7-1 展示了项目的主要功能。

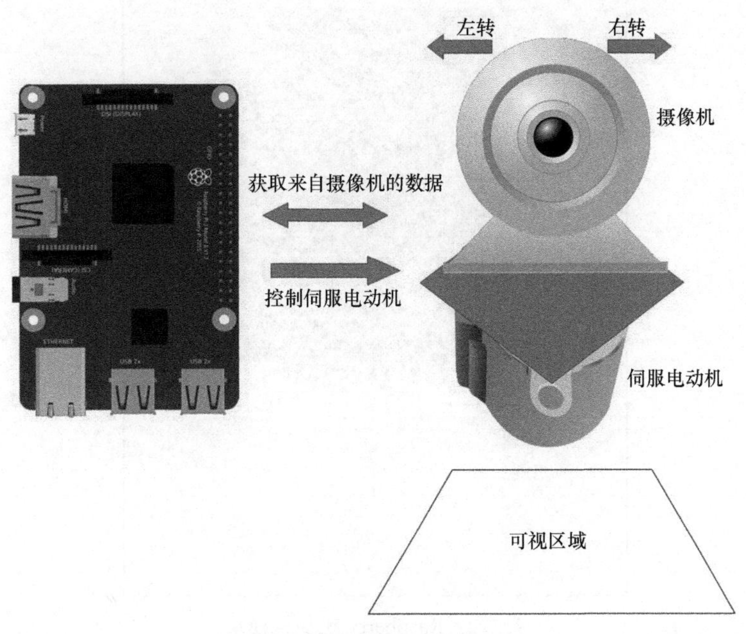

图 7-1 项目的主要功能

从图 7-1 中可以看出，在该项目中，我们希望 Android Things 主板同时控制以下外围设备：

- 旋转的伺服电动机；
- 获取图像的摄像机。

此项目要实现上述功能，需要一个简单的控制 UI。另外，也应当重点考虑主板对摄像机的兼容性，Android Things 本身支持 CSI-2 协议，然而，Android Things 兼容的一些主板并不支持摄像机，例如，Intel Edison 不支持 CSI-2，因此在 Intel Edison 上就无法连接摄像机。由于这个原因，本章将仅使用 Raspberry Pi 3 进行展示。

7.1.1 项目组件

该项目用到的组件如下。

- Raspberry 摄像机模块，如图 7-2 所示。这款摄像机基于 Sony IMX219 800 万像素传感器，可用来拍摄高清晰度的视频或图片。

图 7-2 Raspberry 摄像机模块
（图片源自 Raspberry 网站）

- 伺服电动机，如图 7-3 所示。伺服电动机有多种不同规格，可以使用 Tower Pro SG92R 型号的伺服电动机。

图 7-3 伺服电动机
（图片源自 Adafruit 网站）

- 可选组件，如图 7-4 所示，用来固定摄像机并将其连接到电动机上。

图 7-4 可选组件
（图片源自 Amazon 网站）

现在，我们已经知道了需要在项目中使用的组件，这里，要对伺服电动机有更深的理解，我们还有必要介绍一下脉冲宽度调制及在 Android Things 中使用它的方法。

7.1.2 脉冲宽度调制概述

目前为止，我们已经接触了各种控制外围设备以及与它们交换数据的方法。我们还可以使用另一种方法来控制外围设备。这种方法称为**脉冲宽度调制**（Pulse Width Modulation，PWM）。PWM 是一种广泛应用于多个领域的调制技术，其中，PWM 最值得关注的应用之一是控制外围设备的电源。也就是说，PWM 是一种能够使用数字信号创建可变电压的技术。可以使用 PWM 来控制伺服电动机、亮度（在 LED 中），以及声音和音频。

该技术的实现基于改变信号高电平的时间。PWM 中有以下两个重要因素：

- 频率（frequency）；
- 占空比（duty cycle）。

频率为单位时间内重复事件的发生次数。与频率相关的一个概念是周期，即一段持续时间（见图 7-5）。

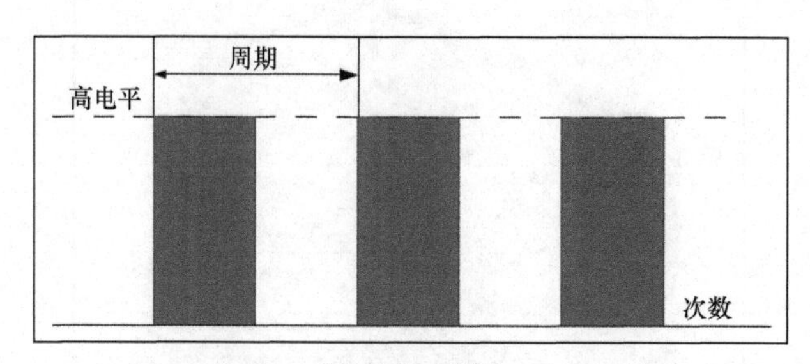

图 7-5 周期

占空比是通电时间相对于总时间的比例。占空比以百分比形式表示，表示为信号高电平的百分比。下面的描述可以帮助我们更好地理解这个概念。

- 如果一段时间内，信号一半是高电平，一半是低电平，就可以说占空比是 50%（见图 7-6）。

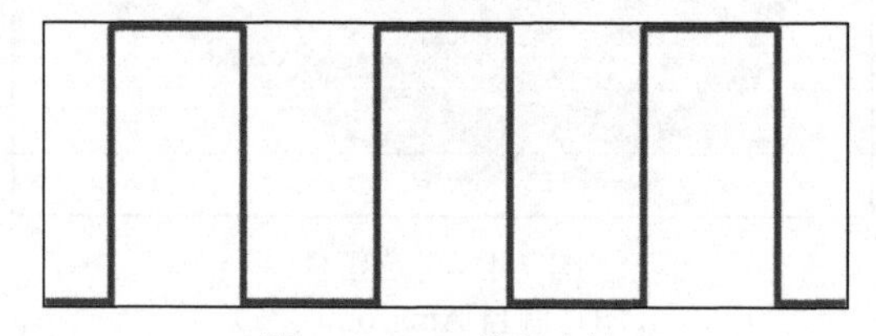

图 7-6 50%的占空比

- 如果信号始终为高电平，则占空比为 100%。

了解这些参数的意义相当重要，因为 Android Things 将使用这些参数来处理 PWM 信号。

7.1.3 如何在 Android Things 中使用 PWM

本节将介绍在 Android Things 中使用 PWM 的方法。既然我们已经大致了解了 PWM 的相关概念及它的工作方式，接下来就介绍 Android Things 系统提供的 API。要在 Android Things 中使用 PWM，需要执行以下操作。

（1）打开 PWM 引脚。

（2）设置频率和占空比。

（3）激活 PWM 信号。

需要注意的是，不仅仅是 Android Things 主板的引脚可以应用 PWM 信号。在其他地方，需要参考电路板引脚的排列布局才能知道应该使用的引脚。

接下来，描述如何实现上述步骤。

（1）为了打开 PWM 引脚，需要实例化一个 PeripheralServiceManager 对象。

```
PeripheralServiceManager psm = new PeripheralServiceManager();
```

（2）得到 PeripheralServiceManager 实例化对象后，可以用它来打开特定引脚的 PWM 并与其通信。

```
pwmPin = psm.openPwm(getBoardPin());
```

（3）pwmPin 是 Pwm 类的一个实例。这里使用的 openPwm 方法需要以引脚的名称作为参数。引脚名称会根据使用的电路板而变化，这里使用第 2 章所述的方法获取引脚名称。

Pwm 类提供了 4 种方法。

- setPwmFrequencyHz：设置频率。
- setPwmDutyCycle：设置占空比。
- setEnable：启用或禁用引脚。
- close：关闭引脚。

可以看到，前面描述的 PWM 参数也相应地出现在了 Android Things 的接口中。如果要使用 50Hz 的 PWM 引脚并且有 75%的占空比，则可以使用如下接口设置。

```
pwm.setPwmFrequencyHz(50);
pwm.setPwmDutyCycle(75);
pwm.setEnabled(true);
```

当销毁 Activity 时，与其他类型引脚一样，需要关闭引脚。

7.2 在 Android Things 中实现间谍眼

接下来，我们重点开发本章的项目。我们了解了构建该 Android Things 应用程序所需的所有基本信息和理论基础之后，便可以将这个项目分为两个不同的部分：

- 控制伺服电动机；
- 在 Android Things 中使用摄像机。

根据前面的信息，我们可以轻松实现第一部分，而在第二部分中，使用摄像机在 Android Things 中获取图像的相关内容还没有介绍。此项目需要使用伺服电动机来旋转摄像机以便拍到更广阔的区域。此外，这个项目也需要一个 UI，用来控制伺服并且拍照。UI 非常简单、直观，如图 7-7 所示。

图 7-7 UI

UI 中有以下 3 个按钮。

- 左侧的“<”按钮：用于控制旋转伺服电动机，使摄像机向左旋转。
- 右侧的“>”按钮：用于控制旋转伺服电动机，使摄像机向右旋转。
- 中间的“TAKE PICTURE!”按钮：用于拍摄照片。

下面介绍如何开发并实现这些功能和界面。

7.2.1　在 Android 中控制伺服电动机

在使用 PWM 之前，首先介绍一下如何将伺服电动机连接到 Android Things 主板。在这个项目中，由于需要摄像机，所以使用 Raspberry Pi 3。当然，将伺服电动机连接到 Intel Edison 也是可以的。图 7-8 描述了伺服电动机与 Intel Edison 的连接方式。

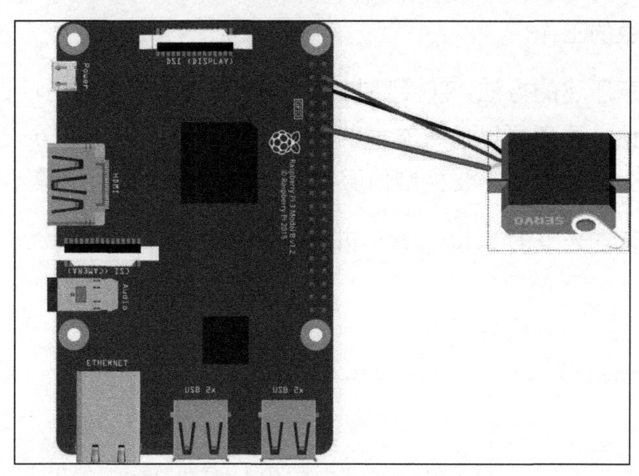

图 7-8　伺服电动机与 Intel Edison 的连接方式

图 7-9 展示了伺服电动机与 Raspberry Pi 3 的连接方式。

图 7-9　伺服电动机与 Raspberry Pi 3 的连接方式

通常，伺服电动机只连接 3 个信号。

- 电源信号，根据电动机类型，通常取 3.3V 和 5V。

- 接地信号。
- 必须连接到PWM引脚的控制信号。

可以基于前面描述的步骤使用PWM信号控制伺服电动机。另外，Android Things提供了一个库，可以帮助我们更轻松地控制伺服电动机。该库提供了一组处理角度（而不是频率和占空比）的接口，因此更容易地精确控制伺服电动机的位置。在这个项目中，此库大大简化了我们需要做的工作。

首先使用第1章所述的方法，直接复制项目模板，创建一个新的项目。该项目具有UI，其具体结构不再讨论，读者可以参考本书的配套代码了解具体实现方式。这里，我们把注意力主要集中在伺服电动机上。要控制伺服电动机，请按照下列步骤操作。

（1）打开app文件夹下的build.gradle并添加依赖库。

```
dependencies {
 provided
  'com.google.android.things:androidthings:0.3-
  devpreview'
  compile
  'com.google.android.things.contrib:driverpwmservo:0.1'
}
```

（2）打开MainActivity.java，并添加以下行。

```
private void initServo() {
 try {
      mServo = new Servo("PWM0");
      mServo.setAngleRange(0f, 180f);
      mServo.setEnabled(true);
 }
 catch(Exception e) {
     e.printStackTrace();
 }
}
```

因为该项目仅适用于Raspberry Pi 3，所以在上面的代码中首先对引脚名称进行了硬编码。如果读者使用其他主板运行此Android Things应用程序，则需要更改引脚名称。然后，这里对外围设备置了最小角度和最大角度，这样可以控制旋转角的范围。最后，启用引脚。

（3）在onCreate方法中，为了调用initServo完成初始化，添加以下行。

```
initServo();
```

（4）处理界面中控制伺服电动机旋转的两个按钮。获取它们的引用。

```
Button btnLeft = (Button)
findViewById(R.id.btnLeft);
Button btnRight = (Button)
findViewById(R.id.btnRight);
```

（5）实现相应的单击事件来控制伺服电动机的旋转。

```
btnLeft.setOnClickListener(new View.OnClickListener()
{
   @Override
   public void onClick(View v) {
      angle += STEP;
      setServoAngle(angle);
   }
});
btnRight.setOnClickListener(new View.OnClickListener()
{
   @Override
   public void onClick(View v) {
      angle -= STEP;
      setServoAngle(angle);
   }
});
```

其中，STEP 表示旋转伺服电动机的步骤。

（6）定义实际上旋转伺服电动机的 setServoAngle 方法。

```
private void setServoAngle(int angle) {
   if (angle > mServo.getMaximumAngle())
     angle = (int) mServo.getMinimumAngle();
   if (angle < mServo.getMinimumAngle())
     angle = (int) mServo.getMinimumAngle();
   try {
     mServo.setAngle(angle);
   }
   catch (IOException e) {
      e.printStackTrace();
   }}
```

在该方法中，控制旋转角度在最小值和最大值之间；否则，设置为极限角度。最后，使用 setAngle 设置伺服电动机的旋转角度。

现在，可以运行应用程序，使用 UI 对其进行简单的测试。在应用程序的界面中单击“>”或“>”按钮，伺服电动机会向相应的方向旋转。

第一部分已经完成。现在，可以使用 Android Things UI 控制伺服电动机。下一节将介绍如何使用摄像机拍照。

7.2.2 在 Android Things 中使用摄像机

本节将介绍 IoT 中的一个全新内容——如何使用摄像机。目前，我们使用 GPIO 引脚连接 Android Things 主板上的多种设备。摄像机与之前介绍的外围设备有所不同，因此这里使用不同的连接方式。另外，不是所有兼容 Android Things 的主板都支持外置摄像头，在撰写本书时，只有主板 Raspberry Pi 3 和 Intel Joule 支持。

这里需要用到通用串行接口（Common Serial Interface-2，CSI-2）连接摄像机，并且会使用本章开头指定的兼容摄像机。为了处理摄像机相关的事件，需要使用 android.hardware.camera2 包（从 API 21 添加）。此包提供处理连接到 Android 设备的摄像头所需的所有类和接口。我们之后将看到，在 Android Things 应用程序中拍摄照片的过程与在 Android 中完全相同。在这个包中，以下一些重要的类是项目的核心代码。

- CameraManager：表示系统管理器，可以用来检测已连接的摄像机并将其打开。
- CameraDevice：表示已经在属性和功能上连接到设备的摄像机。
- CaptureSession：表示用于捕获图像并在 surface 上表示图像的方法。

现在，可以开始探索如何实现项目的第二部分了。由于摄像头的管理相对复杂，因此用一个新类来实现所需的操作。

（1）打开已经可以控制伺服电动机的项目。

（2）在项目中添加一个名为 AndroidCamera.java 的新类。我们用这个类来处理与摄像机相关的所有操作。

接下来，会逐步分析使用摄像机的方法。

使用摄像机

在使用摄像机之前，首先需要使用 CameraManager 检测摄像机是否已连接到 Android Things 主板。

（1）在 AndroidCamera.java 中，创建 initCamera( )方法。

（2）在该方法中，首先获得对摄像机管理器的引用，然后应用程序将会枚举所有已经连接成功的摄像机。这个项目使用检测到的第一台摄像机（注意，这里使用 0 作为第一个索引）。

```
cManager = (CameraManager)
ctx.getSystemService(Context.CAMERA_SERVICE);
try {
    String[] idCams = cManager.getCameraIdList();
    camId = idCams[0];
}
catch (CameraAccessException e) {
    e.printStackTrace();
}
```

（3）在该方法中，还需要初始化应用程序使用的图像容器，以直接访问呈现到 surface 中的数据。

```
imgHandler.start();
iReader = ImageReader.newInstance(320, 240, ImageFormat.JPEG, 1);
iReader.setOnImageAvailableListener(new
ImageReader.OnImageAvailableListener() {
   @Override
   public void onImageAvailable(ImageReader reader)
      {
      listener.onImageReady(reader);
      }
},
new Handler(imgHandler.getLooper()));
```

上述代码非常简单。首先，应用程序初始化了 ImageReader 所需的 Handler。然后，创建了一个 ImageReader 实例，设置了宽度、高度及图像格式。在此项目中，ImageReader 仅用来保存一个图像。最后，追加了一个监听器，在图像可用时会通知此类。相应地，AndroidCamera 类需要使用另一个监听器通知调用者（MainActivity.java）图像已经可用。

（4）实现一个用于打开摄像机并通信的方法。

```
public void openCamera() {
   try {
      cManager.openCamera(camId, stateCallback, null);
   }
```

```
        catch (CameraAccessException e) {
            e.printStackTrace();
        }
        catch (SecurityException se) {
            se.printStackTrace();
        }
    }
```

如上述代码所示，要打开摄像机，需要使用步骤（2）中检索到的camId。此外，在与此过程相关的事件发生时，使用回调类接收通知。

（5）用如下代码实现上一步中使用的回调类。

```
private final CameraDevice.StateCallback
 stateCallback = new CameraDevice.StateCallback()
 {
    @Override
    public void onOpened(@NonNull CameraDevice camera)
        { Log.d(TAG, "Camera opened");
        AndroidCamera.this.camera = camera;
        listener.onCameraAvailable();
    }
    @Override
    public void onDisconnected(@NonNull CameraDevice camera)
        { Log.d(TAG, "Camera disconnected");
    }
    @Override
    public void onError(@NonNull CameraDevice camera, int error)
        { Log.d(TAG, "Camera Error" + error);
    }
};
```

必须在回调类中实现上述几个方法。我们主要关注打开摄像机时调用的方法，因为需要用它存储CameraDevice的实例以便在接下来的步骤中引用连接的摄像机。另外，在同一方法中，需要采取相应措施通知调用者摄像机已连接。

（6）连接了摄像机后，就可以实现拍摄照片的方法。

```
public void takePicture() {
    try {
        camera.createCaptureSession(
            Collections.singletonList(iReader.getSurface()),
            sessionCallback, null);
```

```
    }
    catch(Exception e) {
        e.printStackTrace();
    }
}
```

该应用程序创建了一个捕捉会话（capture session），用于拍摄照片。我们依然使用回调类来通知事件。这里，createCaptureSession 方法使用 ImageReader 的 surface 来保存图片。

（7）实现处理捕捉会话事件的回调方法。

```
private CameraCaptureSession.StateCallback
sessionCallback = new CameraCaptureSession.StateCallback()
{
   @Override
   public void onConfigured(
      @NonNull CameraCaptureSession session) {
      Log.d(TAG, "Camera configured");
      AndroidCamera.this.session = session;
      startCaptureImage();
   }
   @Override
   public void onConfigureFailed(@NonNull CameraCaptureSession session)
     {
     Log.e(TAG, "Configuration failed");
   }
};
```

我们需要注意在摄像机准备好捕获图片并且配置过程完成时调用的 onConfigured 方法。该应用程序使用此方法捕获图片。

（8）实现捕获图片的方法。

```
private void startCaptureImage() {
   try {
       CaptureRequest.Builder captureBuilder =
           camera.createCaptureRequest(
           CameraDevice.TEMPLATE_STILL_CAPTURE);
       captureBuilder.addTarget(iReader.getSurface());
       captureBuilder.set(
           CaptureRequest.CONTROL_AE_MODE,
           CaptureRequest.CONTROL_AE_MODE_ON);
```

```
            Log.d(TAG, "Session initialized.");
              session.capture(captureBuilder.build(),
                        captureCallback, null);
            }
            catch(CameraAccessException cae) {
               cae.printStackTrace();
            }
    }
```

此方法创建了一个请求，设置了一些参数并启动了捕捉会话。这里使用回调方法来通知事件。

（9）定义一个用于 AndroidCamera 的回调接口，以通知调用者最重要的事件。接口定义如下。

```
public static interface CameraListener {
   public void onCameraAvailable();
   public void onImageReady(ImageReader reader);
}
```

在 Android Things 中管理摄像头的类已完成，之后就可以在 MainActivity 中调用它了。

7.2.3 集成应用程序

通过修改 MainActivity 来完成这个 Android Things 应用程序。项目的最后一步是实现拍照的按钮。

（1）打开 MainActivity.java，在 onCreate 方法中添加以下行。通过这种方式初始化摄像机，设置接收事件通知的监听器。

```
final AndroidCamera aCamera =
   new AndroidCamera(this, listener);
aCamera.initCamera();
aCamera.openCamera();
```

（2）在同一方法中，找到显示图片的 ImageView 组件。

```
imgView = (ImageView) findViewById(R.id.img);
```

（3）获取用于拍照的按钮的引用。开始时，按钮被禁用，摄像机准备好后才可以拍照。为此，应用程序使用监听器来获悉摄像机何时准备就绪（onCameraAvailable 方法）。

```
btnPicture = (Button)
findViewById(R.id.btnPicture);
btnPicture.setEnabled(false);
```

（4）添加以下行，处理用户单击按钮时触发的事件。

```
btnPicture.setOnClickListener(new View.OnClickListener()
   {
   @Override
   public void onClick(View v) {
      Log.d(TAG, "Start caputring the image");
      aCamera.takePicture();
   }
});
```

该方法通过调用 takePicture 来捕获图片。

（5）在程序中实现之前在构造函数中使用的回调接口。

```
private AndroidCamera.CameraListener listener =
 new AndroidCamera.CameraListener() {
   @Override
   public void onCameraAvailable() {
      Log.d(TAG, "Camera Ready");
      btnPicture.setEnabled(true);
   }
   @Override
   public void onImageReady(ImageReader reader) {
      Log.d(TAG, "Image ready");
      Image img1 = reader.acquireLatestImage();
      ByteBuffer bBuffer =
      img1.getPlanes()[0].getBuffer();
      final byte[] buffer = new byte[bBuffer.remaining()];
      bBuffer.get(buffer);
      img1.close();
      runOnUiThread(new Runnable() {
   @Override
```

```
    public void run() {
        imgView.setImageBitmap(
        BitmapFactory.decodeByteArray(
        buffer, 0, buffer.length));
    }
        });
}};
```

在 onCameraAvailable()回调方法中，应用程序在摄像机准备就绪后立即启用该按钮。在 onImageReady 方法中，更新视图，在 ImageView 组件中设置图像。后一个方法包含的代码用于提取图像并以 ImageView 中的使用方式对其进行调整。

在运行应用程序之前，必须申请使用摄像机的权限。需要在 Manifest.xml 中添加以下行。

```
<uses-permission android:name="android.permission.CAMERA" />
```

至此，我们已经利用 Android Things 开发了一个能够捕获图像的间谍眼。现在，可以运行这个应用程序并进行相关功能的测试。

7.3 本章小结

在本章中，我们构建了一个基于伺服电动机和摄像机的系统。我们学会了如何使用 Android Things 控制伺服电动机，还学习了有关 PWM 的知识及其在此环境中的作用。现在，我们已学会了用 Android Things 应用程序控制这种新型外围设备的所有必要知识。至此，我们已经掌握了数种外围设备，如 LED、传感器、按钮、摄像机和电动机等。

第 8 章
Android 与 Android Things 的集成

本章将介绍如何集成 Android 与 Android Things 这两个系统，并且开发两个与 Android Things 交互的 Android 应用程序。移动应用和 IoT 技术的结合是一个非常值得关注的话题，本章将会探讨使这两个生态系统交换数据和信息的各种方案。

本章内容如下：

- 集成 Android 和 Android Things 的不同架构；
- 开发一个 Android 应用程序来远程控制第 5 章中的 LED 彩带；
- 开发一个 Android 应用程序，通过 Android Things 显示来自传感器的数据。这里使用第 6 章建立远程气象站的配套应用程序。

本章将利用之前章节已经介绍的很多技术与已经完成的项目来开发实际的 Android 应用程序和 Android Things 应用程序。

8.1 Android 和 Android Things 的连接方式

下面探讨在 Android Things 中集成 Android 的方案。如今，市面上已经有多种商用的 IoT 产品，这些产品具有使移动端应用程序与智能系统进行交互的功能。几种常见的产品如下：

- 遥控智能灯系统；
- 报警系统；
- 遥控器具。

从这里可以看出，将智能手机的生态系统应用在 Android Things 中非常值得研究。本节将重点关注与 Android 应用程序的集成。当然，在集成 iOS 应用程序与 Android Things 时，可以重复使用相同的开发策略。

通过分析，我们通常只会接触到以下 3 种场景。

- 智能手机控制智能对象（如 Android Things 主板），采用主从模式。
- 智能手机通过 Android Things 主板接收数据流。
- 当某个事件发生时，智能手机会从 Android Things 系统接收通知。

第 2 章提到了最后一种场景，当在检测区域检测到物体的运动时，系统会向用户的智能手机发送通知。另外，在第 4 章中，我们使用语音呼叫功能向用户的智能手机发送通知。因此，对于上述最后一个场景，我们应该已经很清楚该如何实现了。接下来，我们主要关注前两个场景。

通常，在前两个场景中，集成可以通过以下两种方式实现。

- 智能手机和 Android Things 系统之间存在直接连接。
- 通过云平台间接连接。

这两种方式如图 8-1 所示。

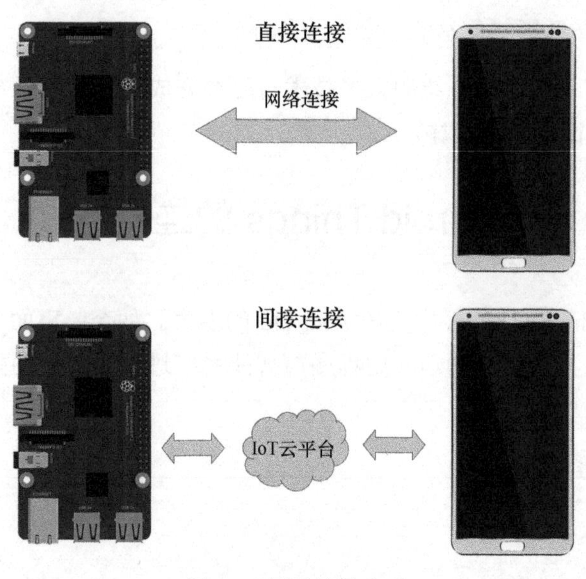

图 8-1　两种连接方式

在第二种方式下，用户的智能手机使用 IoT 云平台连接到 Android Things 主板，云平台通常也会提供一些集成服务，如用于触发语音电话呼叫的集成服务。

在直接连接的集成场景中，用户的智能手机和 Android Things 主板之间可以直接通信。可以使用以下几种方式建立连接：

- Wi-Fi；
- 蓝牙；
- 以太网。

8.2 使用 Android 应用程序控制 LED

本书的第一个 Android 项目是使用 Android 应用程序来控制 LED 彩带。这里，Android 应用程序是直接能与 Android Things 应用程序通信的，而 Android 应用程序又会通过 Arduino 主板来控制一条或多条 LED 彩带。如第 5 章所述，这里 Android Things 应用程序的行为类似于作为唯一访问点的网关。这种方法有很多益处，第 5 章已经对此进行了分析。在第 5 章中，利用了 Android Things 应用程序中实现的内置的 Web 服务器，此操作实现了基于 HTTP 远程控制 Android Things 应用程序的 Android 应用程序（类似于主从模式）。这里可以复用已经开发的 Android Things 应用程序并且把它连接到 Android 应用程序。通过这种方式，可以使用 Web 浏览器或者本节中开发的 Android 应用程序来实现同样的功能。图 8-2 展示了该项目的整体结构。

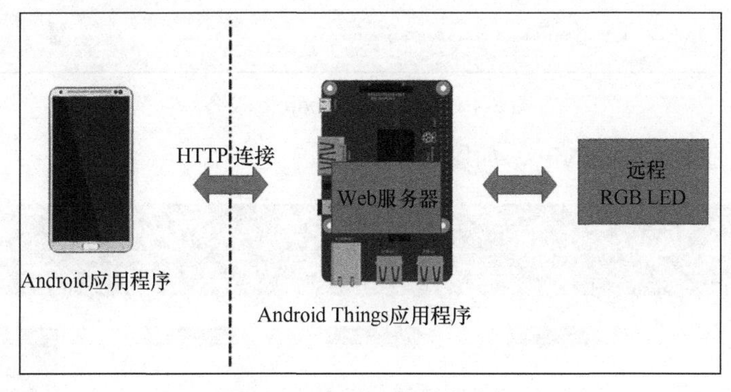

图 8-2 该项目的整体结构

操作步骤如下。

（1）打开 Android Studio，创建新项目，命名为 AndroidThings_RGBapp，如图 8-3 所示。

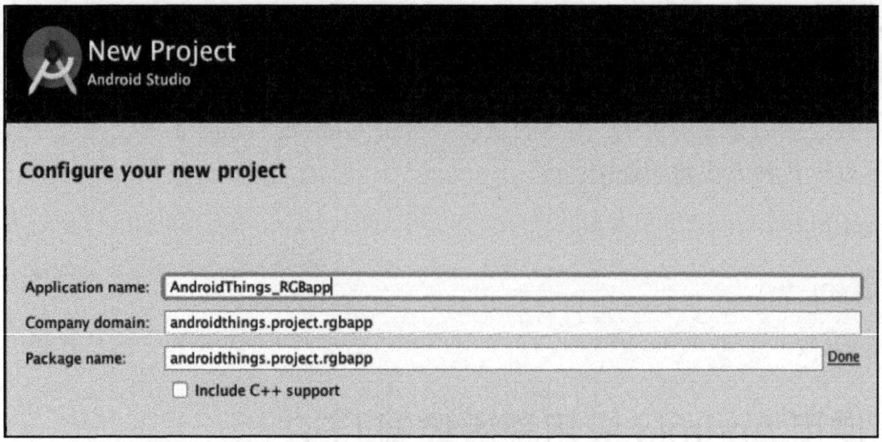

New Project
Android Studio
Configure your new project
Application name: AndroidThings_RGBapp
Company domain: androidthings.project.rgbapp
Package name: androidthings.project.rgbapp
Done
Include C++ support

图 8-3 创建新项目

（2）配置目标 Android 设备，如图 8-4 所示。

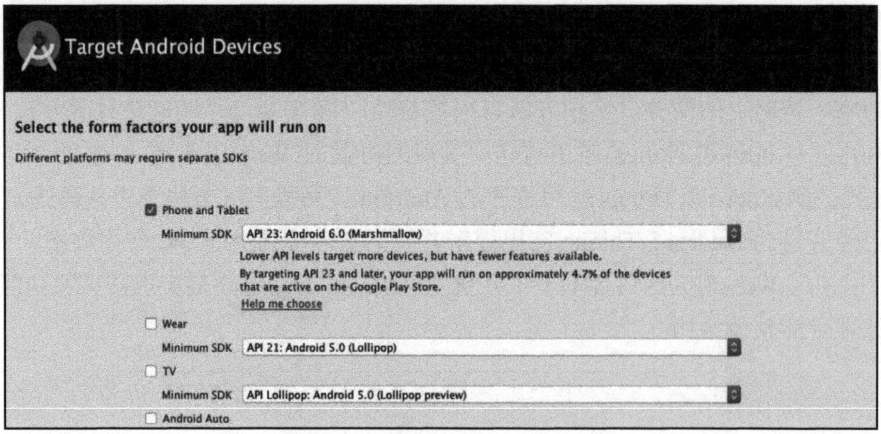

Target Android Devices
Select the form factors your app will run on
Different platforms may require separate SDKs
Phone and Tablet
Minimum SDK API 23: Android 6.0 (Marshmallow)
Lower API levels target more devices, but have fewer features available.
By targeting API 23 and later, your app will run on approximately 4.7% of the devices
that are active on the Google Play Store.
Help me choose
Wear
Minimum SDK API 21: Android 5.0 (Lollipop)
TV
Minimum SDK API Lollipop: Android 5.0 (Lollipop preview)
Android Auto

图 8-4 配置目标 Android 设备

（3）创建一个 Basic Activity，如图 8-5 所示。

Add an Activity to Mobile
Add No Activity
Basic Activity
Bottom Navigation Activity
Empty Activity
Fullscreen Activity

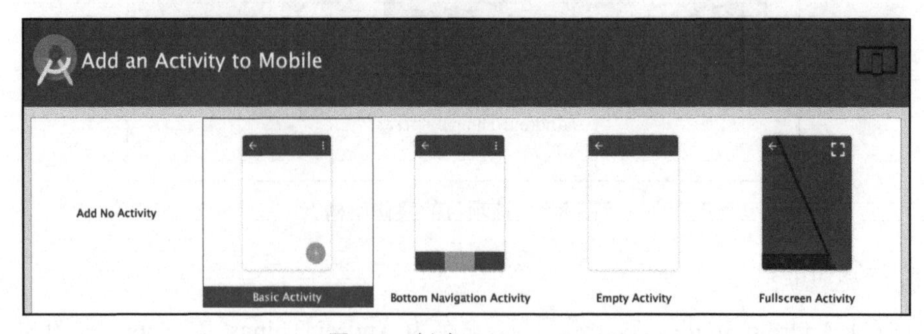

图 8-5 创建 Basic Activity

继续操作，最后会出现 Finish 按钮。这与在前几章中创建的 Android Things 项目非常类似。这里的应用程序将依照 Material Design 的界面风格开发。如果你还不太了解 Material Design，可进入其官方网站阅读相关内容，此应用程序使用到了**浮动操作按钮**（Floating Action Button，FAB），这是 Activity 中的主要操作入口。这里，FAB 用于发送数据，用来控制 Android Things 应用程序。图 8-6 展示了 Android 应用程序的界面。

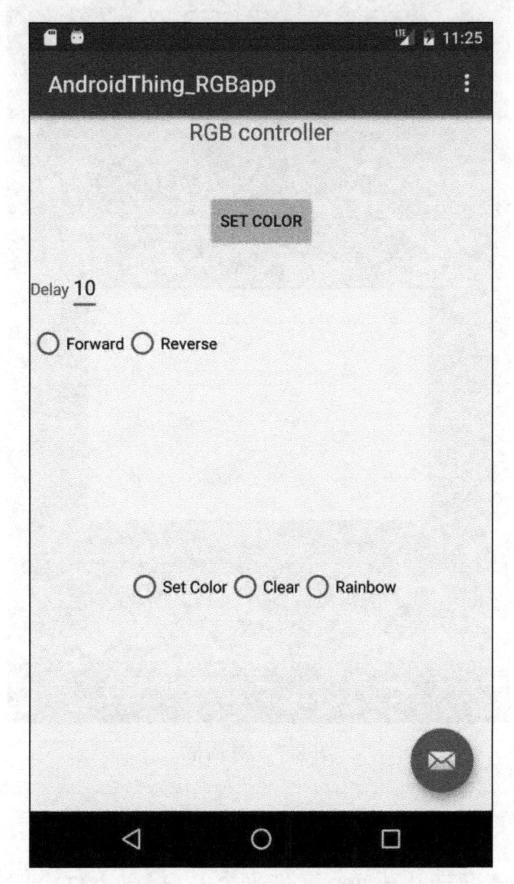

图 8-6　Android 应用程序的界面

本章不介绍开发 Android 应用相关的技术，因为这些步骤不是那么重要。例如，布局非常简单，读者可以参考本书配套的源代码了解更多细节。这里主要介绍一些值得研究的内容，因为它们代表了该应用程序中的核心内容。

1. 用户选择 LED 颜色的方法

这里介绍用户选择 LED 颜色的方法。为达到预期效果，可以使用一个简单的对话框，即当用户单击按钮时会打开一个对话框，如图 8-7 所示。

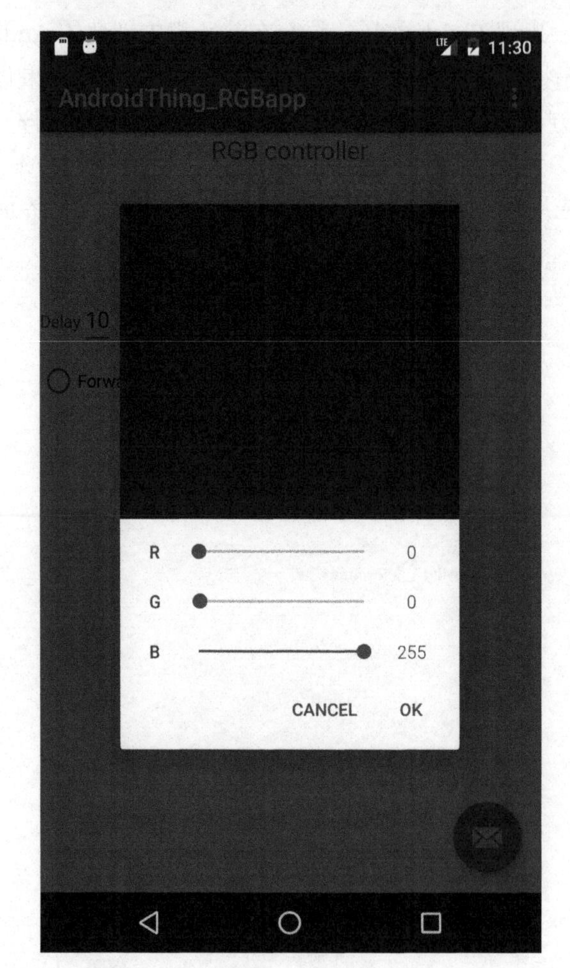

图 8-7 对话框

可以按照下列步骤实现图 8-7 所示的界面。

（1）打开 build.gradle 文件（在 app 文件夹下），将以下行添加到 dependencies 标签中。

```
compile 'me.priyesh:chroma:1.0.2'
```

（2）打开 MainActivity.java，并添加以下代码。

```
Button btn = (Button) findViewById(R.id.btnColor);
btn.setOnClickListener(new View.OnClickListener()
 {
    @Override
```

```
        public void onClick(View v) {
           new ChromaDialog.Builder().
                             initialColor(Color.BLUE)
                             .colorMode(ColorMode.RGB)
                             .onColorSelected(
                             new ColorSelectListener() {
      @Override
      public void onColorSelected(int color)
      {
         Log.d(TAG, "Color selected");
         red = Color.red(color);
         green = Color.green(color);
         blue = Color.blue(color);
              }
              })
           .create()
           .show( getSupportFragmentManager(),
           "dialog");
    }
    });
```

这里的 R.id.btnColor 是布局中使用的 Button 组件的 ID。代码非常简单，应用程序设置颜色选择模式，并在用户关闭确认所选颜色的对话框时设置要通知的监听器。

此外，该应用程序使用从所选颜色中提取的红色、绿色和蓝色组件来控制 RGB LED。

其他组件的布局非常简单。另外，我们还有必要了解一下单选按钮的处理方式。界面中有两组单选按钮：

- 第一组用于处理方向；
- 第二组用于处理要应用于 RGB LED 彩带的操作类型。

处理这两组单选按钮所用的方法一样，这里介绍第二组单选按钮的设置方式。为此，执行以下操作。

（1）将控件添加到 UI 布局中。

（2）实现处理 Activity 控件的方法。

关于第一步，使用如下代码将单选按钮控件添加到应用程序的布局中。

```
<RadioGroup
    android:layout_width="wrap_content"
    android:layout_height="wrap_content"
```

```
        app:layout_constraintTop_toBottomOf="@id/dirGroup"
        android:layout_marginTop="20dp"
        app:layout_constraintLeft_toLeftOf="parent"
        app:layout_constraintRight_toRightOf="parent"
        android:layout_marginBottom="20dp"
        app:layout_constraintBottom_toBottomOf="parent"
        android:orientation="horizontal">
    <RadioButton
        android:layout_width="wrap_content"
        android:layout_height="wrap_content"
        android:id="@+id/color"
        android:text="Set Color" android:onClick="onFunctionClick"/>
    <RadioButton
        android:layout_width="wrap_content"
        android:layout_height="wrap_content"
        android:id="@+id/clear"
        android:text="Clear"
        android:onClick="onFunctionClick"/>
    <RadioButton
        android:layout_width="wrap_content"
        android:layout_height="wrap_content"
        android:id="@+id/rainbow"
        android:text="Rainbow"
        android:onClick="onFunctionClick"/>
    </RadioGroup>
```

下面实现在用户选择组中的一个单选按钮时调用的方法。这里需要在 Activity 中添加以下方法。

```
public void onFunctionClick(View v) {
   switch (v.getId()) {
      case R.id.color:
      func = 0;
      break;
      case R.id.clear:
      func = 1;
      break;
      case R.id.rainbow:
      func = 2;
      break;
   }
}
```

该方法通过判断控件的 ID 使我们知道用户选择了哪一个选项。页面中的其他控件非常简单，这里不再讨论。

2．将 Android 应用程序连接到 Android Things

这里讨论如何使用 HTTP 将数据发送到 Android Things 应用程序。可以使用前面章节已经介绍过的 OKHTTP 库。处理 HTTP 连接的代码如下所示。

```
fab.setOnClickListener(new View.OnClickListener() {
    @Override
    public void onClick(View view) {
        String delVal = edt.getText().toString(); HttpUrl.Builder
        urlBuilder =
        HttpUrl.parse(baseUrl).newBuilder()
       .addQueryParameter("action",
                            String.valueOf(func))
       .addQueryParameter("red",
                            String.valueOf(red))
       .addQueryParameter("green",
                            String.valueOf(green))
       .addQueryParameter("blue",
                            String.valueOf(blue))
       .addQueryParameter("dir",
                            String.valueOf(direction))
       .addQueryParameter("delay", delVal);
        Request req = new Request.Builder()
                        .url(urlBuilder.build().toString())
                        .build();
      client.newCall(req).enqueue(new Callback() {
          @Override
          public void onFailure(Call call, IOExceptione) {
             Log.e(TAG, "Error");
             e.printStackTrace();
          }
          @Override
          public void onResponse(Call call, Response response) throws
          IOException {
               Log.i("TAG", "Response.." +
               response.body().string());
          }
    });
  }
})
```

当用户单击 FAB 按钮时会发送相关数据，上述代码的逻辑很简单。

（1）设置监听器，监听在用户单击FAB按钮时触发的事件。

（2）初始化添加了相应参数（如红色值、绿色值、蓝色值等）的URL。

（3）调用Android Things应用程序传递的URL连接（GET请求）。

（4）当Android Things应用程序通过Web服务器发回响应时，会调用应用程序相应的回调方法。

在运行应用程序之前，需要在Manifest.xml中申请访问网络的权限。

```
<uses-permission android:name="android.permission.INTERNET" />
```

现在，可以用 Android 模拟器或智能手机运行该应用程序。具体测试应用程序需要执行以下操作。

（1）将Arduino主板连接到RGB LED彩带。

（2）在 Android Things 主板上安装处理 RGB LED 彩带的应用程序。如果使用 Intel Edison主板，则无须修改Android Things应用程序源代码，因为该应用程序默认运行的是Web服务器。如果使用的是Raspberry Pi 3，则需要先启用Web服务器，因为默认情况下应用程序不会运行。

（3）获取Android Things主板的IP地址，并将Android应用程序中使用的IP地址替换为相应的IP地址。

现在便可以测试该Android Things应用程序。

现在，我们已经构建了一个基于主从模式使用直接连接集成Android和Android Things的系统。

8.3 开发从Android Things接收数据的Android应用程序

本节将介绍Android应用程序从Android Things中检索数据的另一种集成方案。在之前的场景中，已经可以使用Android应用程序来控制Android Things的外围设备，但在本节中，我们希望从连接到Android Things主板的传感器中检索信息。为了完成这个应用程序，我们复用在第6章中开发的项目。检索数据的方案有多种，我们主要关注如下两种。

- 使用 MQTT 协议。
- 使用蓝牙将Android应用程序连接到Android Things。

在第一个方案中，要从传感器检索数据，通过 Android Things 实现一个使用 MQTT 的 Android 应用程序。远程气象站项目基于 MQTT 可以使多个开发板和应用程序互相通信。在本章的场景下，只需要实现一个 Android MQTT 订阅者应用程序。为了方便，可以选择谷歌 Play 商店提供的一些已经实现该功能的 Android 应用程序。可以下载其中一个并将其连接到 MQTT 代理服务器。一旦正确配置了应用程序，就可以开始接收数据。这是集成现有 Android Things 应用程序与 Android 的较简单的方法。

也可以利用蓝牙连接来实现 Android 应用程序和 Android Things 应用程序的互相通信。蓝牙是一种广泛用于在**无线个人局域网**（Wireless Personal Area Network，WPAN）中交换数据的工业标准。蓝牙提供了一种在短距离内在设备之间交换信息的有效方式。另外，Android 和 Android Things 都支持蓝牙连接。在这里学到的概念可以应用于需要交换数据的其他任何项目。因此，了解如何在 Android 和 Android Things 中使用蓝牙至关重要。

如何实现蓝牙连接

要通过蓝牙将 Android 应用程序连接到 Android Things，需要按照以下步骤操作。

（1）创建一个 Android 应用程序，作为连接到 Android Things 应用程序的客户端。

（2）通过添加蓝牙功能修改之前实现的 Android Things 应用程序。

（3）修改 Android Things 应用程序，使它能在从 MQTT 接收数据时通过蓝牙发送数据。

图 8-8 展示了该项目的基本架构。

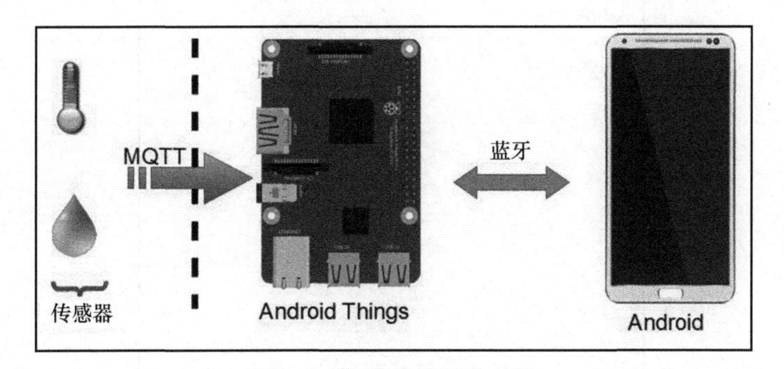

图 8-8　该项目的基本架构

也可以将此架构应用于其他类型的项目。例如，第 3 章的环境监控系统，其中的传感器直接连接到 Android Things 主板。

这个项目的原理是构建一个 C/S（客户端/服务端）交互系统，服务器通过蓝牙接受客户端的连接，为此，必须实现客户端和服务器。

- 客户端，即 Android 应用程序。
- 服务端，即 Android Things 应用程序。

下面开始实现上述客户端和服务器。

1．Android 应用程序

在本节中，我们会创建一个使用蓝牙连接到 Android Things 主板的 Android 应用程序。这里可以通过多种方式实现该功能，既可以使用原生 Android 提供的 Bluetooth API，也可以使用其他开源库。如何使用 Android Bluetooth API 不在本书涵盖的范围之内，这里只关注 Android 和 Android Things 交换数据的方式。所以，这里选择使用更简单的 Android 蓝牙开源库开发上述客户端和服务端。

开源社区有多个开源库，在这个项目中，我们将使用 SimpleBluetoothLibrary。Android 应用程序的 UI 如图 8-9 所示。

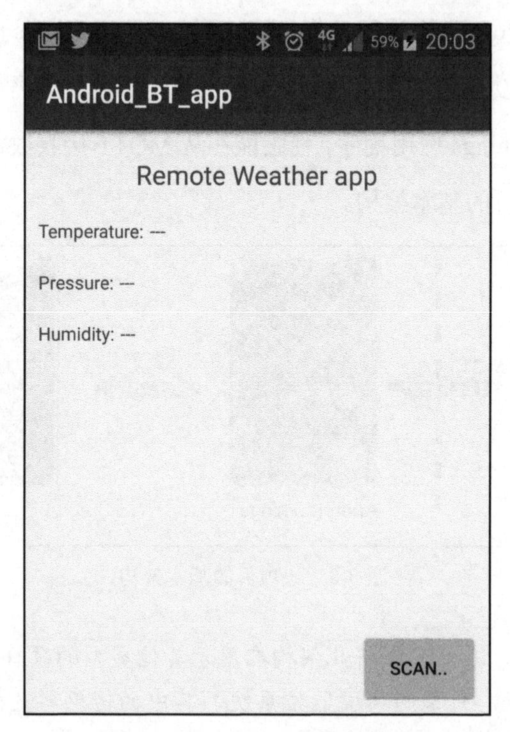

图 8-9　Android 应用程序的 UI

开发 Android 应用程序的步骤如下。

（1）在 Android Studio 中创建一个新的 Android 项目。

（2）打开 app 文件夹下的 build.gradle，在 allprojects 标签中添加以下行。

```
maven {url "***jitpack***"}
```

（3）为了在 build.gradle 中添加蓝牙库的依赖，在 dependencies 标签中添加如下行。

```
compile 'com.github.DeveloperPaul123:SimpleBluetoothLibrary:1.5.1'
```

（4）开发应用程序。我们将重点关注蓝牙连接及如何在没有界面的情况下实现其功能。在 MainActivity.java 中，添加以下代码初始化蓝牙的相关对象。

```
private void initBT() {
   btConnection = new SimpleBluetooth(this, this);
   btConnection.setSimpleBluetoothListener(
      new SimpleBluetoothListener() {
        @Override
        public void onBluetoothDataReceived(
            byte[] bytes, String data) {
            super.onBluetoothDataReceived(
               bytes, data);
            Log.d(TAG, "Data received");
            //Update the UI
        }
        @Override
        public void onDeviceConnected(
           BluetoothDevice device) {
           super.onDeviceConnected(device);
           Log.d(TAG, "Device connected"+ device.getName());
        }
        @Override
        public void onDeviceDisconnected(
           BluetoothDevice device) {
           super.onDeviceDisconnected(device);
           Log.d(TAG, "Device disconnected" + device.getName());
        }
        @Override
        public void onDiscoveryStarted() {
           super.onDiscoveryStarted();
           Log.d(TAG, "Discovery started");
        }
        @Override
```

```
            public void onDiscoveryFinished() {
               super.onDiscoveryFinished();
               Log.d(TAG, "Discovery finished");}
            @Override
            public void onDevicePaired(
               BluetoothDevice device {
               super.onDevicePaired(device);
               Log.d(TAG, "Device paiered" + device.getName());
            }
            @Override
            public void onDeviceUnpaired(
              BluetoothDevice device) {
               super.onDeviceUnpaired(device);
               Log.d(TAG, "Device unpaired" + device.getName());
            }
      });
      btConnection.initializeSimpleBluetooth();
      btConnection.setInputStreamType(
        BluetoothUtility.InputStreamType.NORMAL);
   }
```

代码很简单。该应用程序首先初始化了蓝牙库中相关的类（SimpleBluetooth）。然后，声明了一个可以接受蓝牙事件（如发现设备、连接设备等事件）的监听器。

因为要实现一个希望从服务器检索消息的客户端，所以需要重写 onBluetoothDataReceived。在此方法中，将根据接收的数据来更新应用程序的界面。在该方法的最后，开启蓝牙并设置这里接受的数据流类型。

（5）在 onCreate 方法中调用 initBT( )方法。

（6）应用程序需要一个按钮，用于开启扫描附近的其他蓝牙设备（如 Android Things 应用程序）。这样，Android 应用程序便可以连接到 Android Things 主板。在应用程序的界面中添加一个名为 scan 的按钮。当用户单击此按钮时，使用蓝牙库提供的接口进行检测。

```
Button scanBtn = (Button)
           findViewById(R.id.scan_button);
scanBtn.setOnClickListener(
   new View.OnClickListener() {
      @Override
      public void onClick(View v) {
```

```
            btConnection.scan(SCAN_REQUEST);
        }
});
```

当应用程序调用该扫描方法时，该库会启动另一个 Activity，该 Activity 将向用户展示可供选择连接的设备，单击选择的设备之后，设备相关信息将返回给 MainActivity。这个 Activity 不需要编写，由 SimpleBluetooth 库提供，使用该库开发该功能的速度之快便体现在这里。应用程序扫描、搜索设备期间的界面如图 8-10 所示。

图 8-10 应用程序扫描、搜索设备期间的界面

（7）需要重写步骤（6）中 Activity 的 onActivityResult 方法，该方法在用户选择设备之后调用，并且接受用户在扫描设备的 Activity 中所选设备的相关信息。

```
@Override
protected void onActivityResult(
   int requestCode, int resultCode, Intent data) {
   super.onActivityResult(
   requestCode, resultCode, data);

   if (requestCode == SCAN_REQUEST) {
      if (resultCode == RESULT_OK) {
         serverMacAdd = data.getStringExtra(
            DeviceDialog.DEVICE_DIALOG_DEVICE_ADD RESS_EXTRA
         );
         Log.d(TAG, "Device Add ["+serverMacAdd+"]");
        btConnection.connectToBluetoothServer(serverMacAdd);
      }
   }
}
```

扫描 Activity 返回的信息有助于定位用户在扫描过程中选择的设备。具体来说，可以得到设备 MAC 地址，MAC 地址是选择设备的唯一标识。在此项目中，这个 MAC 地址代表 Android Things 主板。可以使用此地址通过蓝牙连接到服务器。

以上是 Android 应用程序需要实现的所有内容。通过这几个步骤，我们实现了一个可作为客户端的简单 Android 应用程序。可以使用该应用程序与作为服务器端的 Android Things 应用程序建立连接。在运行该应用程序之前，还需要在 Manifest.xml 中申请使用蓝牙的权限。

```
<uses-permission
    android:name="android.permission.BLUETOOTH" />
<uses-permission
    android:name="android.permission.BLUETOOTH_ADMIN" />
```

客户端已经准备好。接下来，我们继续学习服务器端的实现。

2. 在 Android Things 中实现蓝牙服务器端

在本节中，我们实现服务器端。我们依然可以使用之前用于管理蓝牙功能的库，这是 Android Things 最值得推广的功能之一，几乎所有适用于 Android 的库都可以用于 Android Things。此外，处理 Android Things 中蓝牙连接的代码与之前的也非常相似。按照下列步骤操作。

（1）打开第 6 章中开发的项目。

（2）打开并修改 MainActivity.java，使其可以开启蓝牙功能，在 onCreate 中添加以下行。

```
initBT();
```

（3）在 initBT()方法中，参照前面的方式初始化蓝牙，但有一些不一样的地方。

- 该应用程序不提供扫描按钮，因为 Android Things 应用程序是服务器，这里扫描的就是它本身。
- 相应地，该应用程序也不需要实现 onActivityResult。

（4）将以下行添加到 initBT()中。

```
private void initBT() {
   Log.d(TAG, "BT init...");
   btConnection = new SimpleBluetooth(this, this);
   btConnection.setSimpleBluetoothListener(......);
   btConnection.makeDiscoverable(600);
   btConnection.initializeSimpleBluetooth();
   btConnection.setInputStreamType(
      BluetoothUtility.InputStreamType.NORMAL);
   btConnection.createBluetoothServerConnection();
}
```

上述的代码非常简单。应用程序先初始化处理蓝牙的类并设置一个监听器。此步骤与为 Android 应用程序添加相关功能的步骤相同。这段程序的功能是使 Android Things 主板在客户端扫描阶段可见，这样客户端就可以发现 Android Things 主板。创建这个准备接受连接的蓝牙服务器后，就可以在客户端连接它。

（5）连接客户端后，可以通过连接到蓝牙的监听器监测到该状态，之后就可以开始向客户端发送消息了。当 MQTT 相应主题上有新消息时就会回调 onMessage 方法。可以使用以下代码将消息发送到 MQTT 主题。

```
btConnection.sendData(payload);
```

这里的 payload 表示要发送给客户端的数据。通过此操作，每当 Android Things 应用程序通过 MQTT 主题获取数据时，该应用程序都会通过蓝牙连接将消息转发到 Android 应用程序（客户端）。

通过上述步骤，我们实现了另一个独特的方案——充分利用 Android 平台的功能。该方案使用 IoT 协议接收数据，并使用另一种协议将信息转发出去，真正实现了连接不同的生态系统，允许数据从一个生态系统发送到另一个生态系统。基于 Android Things 的多功能性，我们实现了这一功能。在运行应用程序之前，依然需要修改 Manifest.xml 来申请使用蓝牙的权限。

```
<uses-permission
    android:name="android.permission.BLUETOOTH" />
<uses-permission
    android:name="android.permission.BLUETOOTH_ADMIN" />
```

至此，本项目完成。现在可以运行该应用程序测试相关功能了。

8.4 本章小结

本章介绍了集成 Android 和 Android Things 的方法。我们可以根据应用程序使用的不同场景应用不同的架构，本章讨论的这些方法也可以应用在其他各种场景中。通过阅读本书，我们已经深入理解了 Android Things 中的很多重要概念及将它与 IoT 云平台交互、与主板集成的各种方式，相信之后我们对于 IoT 项目的开发将会更加得心应手。